作物化学控制原理与技术

主编　余前媛

西南交通大学出版社
·成　都·

图书在版编目（CIP）数据

作物化学控制原理与技术 / 余前媛主编. -- 成都：西南交通大学出版社，2024.10

普通高等院校农业科学类专业系列特色教材

ISBN 978-7-5643-9690-9

Ⅰ. ①作… Ⅱ. ①余… Ⅲ. ①作物－植物生长调节剂－高等学校－教材 Ⅳ. ①S482.8

中国国家版本馆 CIP 数据核字（2023）第 249108 号

普通高等院校农业科学类专业系列特色教材

Zuowu Huaxue Kongzhi Yuanli yu Jishu

作物化学控制原理与技术

主　编 / 余前媛

策划编辑 / 陈　斌　胡　军

责任编辑 / 陈　斌

封面设计 / 何东琳设计工作室

西南交通大学出版社出版发行

（四川省成都市金牛区二环路北一段 111 号西南交通大学创新大厦 21 楼　610031）

营销部电话：028-87600564　　028-87600533

网址：http://www.xnjdcbs.com

印刷：四川森林印务有限责任公司

成品尺寸　185 mm × 260 mm

印张　10　　字数　246 千

版次　2024 年 10 月第 1 版　　印次　2024 年 10 月第 1 次

书号　ISBN 978-7-5643-9690-9

定价　39.00 元

课件咨询电话：028-81435775

图书如有印装质量问题　本社负责退换

2. 需求汇总表

XX 项目需求汇总表

编号	需求类型	业务目标	调研内容	优先级	调研部门	角色/职位	调研对象	调研人	调研时间	备注
1	新建项目		按照项目编号逐项列出需求内容	数字越大表示优先级越高，需要着重强调；可用于项目组最终确定执行任务优先级时使用			姓名+岗位，例如，张三(项目经理)		示例：2016/10/10	
2	在建项目补充									
3	现有系统维护									
4	其他									
5										
6										
7										
8										
9										
10										

3. 涉众概要模板

XX项目涉众概要

编号	涉众名称	涉众说明	期望
1. 具备唯一性； 2. 编号规则:SH_001，其中SH是StakeHolder（涉众）缩写,下划线，三位顺序号组成	1. 尽量使用客户实际业务中使用的名称，便于交流、节约解释时间，提高需求调研效率	1. 涉众说明为需求调研指明方向； 2. 从业务角度概述涉众情况，做名词解释	1. 期望以Expect首字母+三位序号编码，如E001

4. 涉众简档模板

XX项目涉众简档

涉众	1. 编号及名称来源于涉众概要 2. 可以包含一个或多个涉众（按同一职责、角色或岗位合并同类项）
涉众代表	1. 初步拟定的调研对象
特点	1. 描述涉众的特点,主要从与业务相关角度描写
职责	1. 描写涉众代表的职责,可参考涉众代表的岗位手册、规章制度等，从中提取涉众代表的职责。
成功标准	1. 用可量化的语句描述业务操作完后的结果
参与	1. 填写涉众代表在需求采集活动或系统建设中的作用或意义
可交付工件	1. 此处描写可以从当前涉众处收集到的所有材料，包括但不仅限于业务表格、统计报表、业务流程、规章制度、管理条例等
意见/问题	

参考文献

[1]Wiegers K.软件需求 Software Requirements[M]. 2 版. 刘伟琴，刘洪涛，译. 北京：清华大学出版社，2004.

[2]谭云杰. 大象 Thinking in UML[M]. 北京：中国水利水电出版社，2009.

[3]Robertson S，Robertson J.掌握需求过程[M]. 3 版. 王海鹏，译. 北京：人民邮电出版社，2014.

[4]Leffing well D，Widrig D.软件需求管理统一方法[M]. 蒋慧，林东，译. 北京：机械工业出版社，2002.

[5]杨巨龙，周永利. 软件需求十步走[M]. 北京：电子工业出版社，2013.

[6]Leszek A，Maciaszek. 需求分析与系统设计[M]. 3 版. 马素霞，王素琴，谢萍，译. 北京：机械工业出版社，2009.

[7]Withdl S. 软件需求模式[M]. 曹新宇，译. 北京：机械工业出版社，2008.

[8]杨长春. 实战需求分析[M]. 北京：清华大学出版社，2016.

[10]邹盛荣，周塔，顾爱华，彭昱静. UML 面向对象需求分析与建模教程[M]. 北京：科学出版社，2015.

[11]项亮，陈义，王益. 推荐系统实践[M]. 北京：人民邮电出版社，2012.

[12]朱扬勇，孙婧. 推荐系统研究进展[J]. 计算机科学与探索，2015，9（5）：513-525.

[13]黄文坚，唐源. TensorFlow 实战[M]. 北京：电子工业出版社，2017.

[14]构想：中文文本标注工具（内附多个开源文本标注工具）[EB/OL]. [2017-12-20]. https：//blog.csdn.net/ c9Yv2cf9I06K2A9E/article/details/78560121.

[15]中国计算机学会. CCF 2016-2017 中国计算机科学技术发展报告[M]. 北京：机械工业出版社，2017.

[16]Haykin S. 神经网络与机器学习[M]. 申富饶，徐烨，等，译. 北京：机械工业出版社，2011.

[17]蔡希尧，陈平. 面向对象技术[M]. 西安：西安电子科技大学出版社，1993.

[18]汪成为，等. 面向对象分析、设计及应用[M]. 北京：国防工业出版社，1992.

[19]刘晓峥. 浅析面向过程与面向对象编程思想之异同[J]. 科技信息. 2011（03）.

[20]Kruchten P. Rational 统一过程引论[M]. 北京：机械工业出版社，2002.

[21]Booch G. UML 用户指南[M]. 北京：机械工业出版社，2001.

[22]魏艳铭，张广泉. RUP 和 UML 在软件体系结构建模中的应用研究[J]. 重庆师范大学学报（自然科学版），2006（03）：54-58.
[23]瓦茨・S・汉弗莱. 软件过程管理[M]. 北京：清华大学出版社，2003.
[24]杨一平，等. 软件能力成熟度模型 CMM 方法及其应用[M]. 北京：人民邮电出版社，2001
[25]Bittner K，Spence I. 用例建模[M]. 北京：清华大学出版社，2003.
[26]万建成，卢雷. 软件体系结构的原理、组成与应用[M]. 北京：科学出版社，2002.
[27]Perry D E, Wolf A L. Foundations for the study of software architecture[J]. ACM SIGSOFT Software Engneering notes, 1992, 17(4): 40-52.
[28]高焕堂.Use Case 入门与实例[M]. 北京：清华大学出版社，2008
[29]Cockburn A. 编写有效用例[M]. 北京：机械工业出版社，2002.
[30]朱少民. 软件质量保证和管理[M]. 北京：清华大学出版社，2007.
[31]杨芙清，梅宏，黄罡，等. 构件化软件与实现[M]. 北京：清华大学出版社，2008.
[32]布吕格，迪图瓦. 面向对象的软件工程：使用 UML、模式与 Java[M]. 3 版. 北京：清华大学出版社，2006.
[33]赵有. 六西格玛设计中顾客需求分析关键技术研究[D]. 天津大学，2007.
[34]张海藩.软件工程导论[M]. 5 版. 北京：清华大学出版社，2008.

本书编写委员会

主编 余前媛（西昌学院）

编委 董　畅（西昌学院）

李成佐（西昌学院）

罗帮州（西昌学院）

任永波（西昌学院）

前言

作物化学控制技术是在作物生长发育的不同阶段，根据气候、土壤条件、种植制度、品种特性和群体结构要求，利用人工合成或提取的生长调节剂及营养制剂，影响植物体内内源激素水平的均衡以及其他生理过程，从而影响作物的基因表达，调控其生长发育，使其朝着人们预期的方向和程度发生变化的技术。作物化学控制技术是一项可以有效开发良种遗传潜力、克服环境障碍、改善品质、提高产量及作物生产力的重要技术。作物化学控制技术的原理在于主动调节作物自身的生育过程，不仅使其能及时适应环境条件的变化，充分利用自然资源，而且在个体与群体、营养生长与生殖生长的协调方面更为有效。作物化学控制原理与技术是作物学与植物生理学、化学等学科相互渗透的新兴交叉学科。21 世纪以来，党中央更加重视解决“三农”问题，全面促进我国农业、农村的可持续发展。植物生长调节剂的研究和开发也得到快速的发展，在我国农业生产中已显示出巨大的增产潜力和可观的经济效益，并已成为提高植物生产力和实现农业现代化的主要生物技术，也是当今农业高产、高效、优质栽培模式研究的热点之一。“作物化学控制原理与技术”课程是一门生产实践性强的课程，为此，本教材契合作物生产类专业特色及攀西地区自然生态及对马铃薯、烟草、蚕豆、荞麦、燕麦、大麦等大田作物和石榴、苹果、甜樱桃、核桃、芒果、洋葱、花卉等农业资源优势的研究和实践，在综合试验设计中设计了相关的综合试验项目，以期提高学生的综合应用及实践能力。

本教材共分六章，其中绪论及第一、二、三、四、五章以及习题集部分（共 22.3 万字）由余前媛编写，第六章（共 2.3 万字）由任永波、李成佐、董畅、罗帮州编写。本教材由余前媛统稿、定稿。教材编写过程中引用了国内外相关教材与论文的资料和图表；同时本教材是西昌学院资助出版教材，出版过程中得到学院教务处的大力支持和帮助，在此一并表示感谢。

由于编者水平有限，书中难免存在疏漏和不足之处，敬请广大读者批评指正。

编 者

2023 年 12 月

目录

绪　论 …… 001

第一章　植物信号系统与植物激素 …… 004

第一节　植物信号系统 …… 004

第二节　植物激素的种类、生理功能及作用机理 …… 012

第三节　其他内源植物生长物质 …… 042

第四节　植物激素间的相互关系 …… 049

第二章　植物生长调节剂 …… 051

第一节　植物生长调节剂的基本知识 …… 051

第二节　植物生长调节剂使用的特点及影响因素 …… 054

第三节　植物生长调节剂的施用技术 …… 060

第三章　大田作物化学控制技术及其应用 …… 065

第一节　在水稻上的应用 …… 065

第二节　在小麦上的应用 …… 082

第三节　在玉米上的应用 …… 085

第四节　在马铃薯上的应用 …… 088

第五节　在烟草上的应用 …… 091

第四章　果树化学控制技术及其应用 …… 098

第一节　果树常用植物生长调节剂的种类及其生理特性 …… 098

第二节　植物生长调节剂在果树上的应用 …… 105

第五章　蔬菜化学控制技术及其应用 …… 112

第六章　观赏植物化学控制技术及其应用……120
第一节　概　述……120
第二节　在一、二年生草本花卉上的应用……125
第三节　在宿根花卉上的应用……126
第四节　在球根花卉上的应用……128
第五节　在多肉植物上的应用……129
第六节　在兰科花卉上的应用……130
第七节　在木本观赏植物上的应用……132
习题集……134
主要参考文献……141

绪　论

一、作物化学控制技术的定义、研究内容和任务

作物化学控制技术（Crop Chemical Control/Regulation/Manipulation）是指在作物生长发育的不同阶段，根据气候、土壤条件、种植制度、品种特性和群体结构要求，利用人工合成或提取的生长调节剂以及其营养制剂，影响植物体内内源激素水平的均衡以及其他生理过程，从而影响作物的基因表达，调控其生长发育，使其朝着人们预期的方向和程度发生变化的技术。作物化学控制技术是一项可以有效开发良种遗传潜力，克服环境障碍，改善品质，提高产量及作物生产力的重要技术。这一技术体系源于20世纪30年代开始的“植物生长调节物质的农业应用”，至今经历了90余年的发展，已在基础理论研究、植物生长调节剂的开发、作物化学控制技术体系及技术原理的形成和完善方面取得了很大的进展，在作物的高产、优质、高效生产中也发挥了重要的作用。

植物生长调节剂之所以能改变作物的生长发育过程，主要在于它们可以影响植物内源激素的合成、运输、代谢、与受体的结合以及此后的信号转导过程。因此，作物化学控制的发展与植物激素生理的研究有密切的关系。娄成后院士曾明确指出，植物生长调节剂的应用是继施用化肥之后植物生理学对农业生产的又一贡献。

植物生长调节剂是作物化学控制的物化载体，因此作物化学调控技术的核心与关键就是植物生长调节剂的研制与生长调节剂的应用技术。

作物化学控制学科的任务主要是揭示植物激素等信号物质的产生、代谢、运输和作用规律及其在植物生长发育过程中的调控作用和作用机理；研究植物生长调节剂创制、筛选、应用和评价的理论和技术原理；创建植物生长调节剂应用及与其他作物生产管理技术有机结合的技术体系，提高作物生产力和效益；探索与新兴和前沿技术结合的有学科特色的研究技术体系。

作物化学控制作为一门新兴的交叉和应用学科，在我国乃至世界农业生产上发挥了重要作用。但作物化学控制还是一门有待完善的学科，其发展需要加强以下三个方面的研究：一是应用“植物激素生理”这一基础理论研究的新成果，进一步阐明作物化学控制的生理机制；二是突破植物生长调节剂新品种开发的“瓶颈”，为作物化学控制提供新的物化载体；三是全面建立各种主要作物完善的“化控栽培工程”体系，为解决当前及今后的粮食安全、生态安全和环境安全等一系列生产问题提供有效可行的技术手段。

二、我国作物化学控制发展历程

中国学者在植物激素和植物生长调节剂研究方面开展了大量工作，为推动其在农业中的应用做出了重要贡献。

1. 跟踪应用阶段

20 世纪初，当生长素被发现不久，我国就将生长素及其类似物应用于促进油桐的扦插生根、促进无籽果实形成、化学除草、防止洋葱和马铃薯等在贮藏期间发芽、防止番茄和苹果落花落果、防止大白菜贮藏脱帮等。但是对作物化学控制的应用研究进展则相对缓慢。当时仅限于跟踪国外研究的实验，基本未在生产中应用。20 世纪 50 年代末赤霉素传入我国，尤其在 20 世纪 70 年代初，我国出现了推广应用赤霉素（GA）的热潮，把赤霉素应用到大田作物，解决了水稻杂交育种中父母本花期不遇、包颈影响授粉和制种产量低等问题。但应用过程中过分夸大了植物生长调节剂的效果，忽略传统栽培技术，影响了植物生长调节剂应用技术的健康发展。随着对赤霉素的深入研究，科学家发现了一些新的植物生长抑制剂和延缓剂，开拓了植物生长调节剂应用范围。如中国科学院上海植物生理研究所开展了植物生长延缓剂矮壮素控制棉花徒长、减少蕾铃脱落和增产的试验；管康林等（1966）将矮壮素用于小麦防止倒伏，并在生产上得到一定面积的推广应用。但由于植物激素和植物生长调节剂作用的复杂性和生理生化手段的局限性，在这个阶段我国关于植物激素和生长调节剂的研究工作比较零散，多偏重于生理和应用方面。

2. 开发推广阶段

20 世纪 70 年代以后到 90 年代末，植物生长调节剂迅速推广到大田作物生产，并促进了大量植物种类的组织培养的研究，有效地解决了生产难题，显示出常规技术无法替代的作用，取得了巨大的经济效益和社会效益。中国科学院上海植物生理研究所等单位研究乙烯利应用于水稻生育后期化学催熟、促进铃成熟的生理作用。北京农业大学（现中国农业大学）韩碧文等针对棉花晚熟问题，在 1973 年开始应用植物生长调节剂促进晚期棉铃早熟的研究，形成了棉花应用乙烯利催熟技术，1978 年开始，在全国主要棉区示范推广，该技术是大面积应用调节剂主动控制作物生长发育的成功范例，更是一次作物管理观念更新的尝试。1980 年北京农业大学用新方法合成了甲哌鎓，并用于解决棉花徒长问题，增产、增效、改善品质的效果显著。20 世纪 90 年代以来每年推广面积占总植棉面积的 80%以上，被列为中国棉花栽培领域三大技术变革之首。江苏农药研究所等单位 1984 年成功研制多效唑，1985 年中国农业科学院水稻所等组织了全国性的多效唑应用研究协作组，开始研究用多效唑控制连作晚稻秧苗徒长技术和机理，1993 年应用面积达 700 多万公顷。多效唑可防止水稻倒伏并促使其增产、控制花生徒长等。针对多效唑的应用存在残留和残效问题，中国农业大学作物化控研究中心1991年开始研究的20%甲·多微乳剂（麦业丰）不但克服了多效唑应用的缺陷，而且定向控制植株基部节间伸长，而穗下节间保持适宜长度，株高不降低，抗逆防倒增产效果稳定，1999年累计推广面积达100万公顷。甲哌鎓与烯效唑的复配制剂，全面替代多效唑成分，于2008年登记开发了20.8%甲·烯微乳剂（麦巨金），除了具有稳定的防倒增产效果外，也表现出更高的生理活性。三十烷醇是1975年美国发现的长链脂肪醇，1978年厦门大学引进并开始在多种作物上进行实验，发现在水稻、玉米、大豆等作物上无稳定的增产效果，后发现三十烷醇（TRIA）的效果受其纯度、剂型、环境条件影响很大。福建农业科学院刘德胜等研制了三十烷醇乳粉新剂型，提高了应用效果，特别是成功地开拓了在海带、紫菜等海藻类上应用的新领域，取得了巨大的经济和社会效益，1994年获得农业部科技进步一等奖。

油菜素甾醇类物质（BR）1970年被发现以来，其在农业上的应用引起国际上的广泛重视，上海植物生理研究所、北京农业大学、华中农业大学等单位也与日本合作进行了大量系统的研究，证明BR在多种植物上都有促进生长、提高抗逆性、减轻农药药害等效果。但天然BR获取成本较高，限制了生产应用。近年来随着BR人工合成和天然BR提取工艺的改进，其性能和成本等更适于大田作物应用。CPPU等的开发也填补了细胞分裂素类商品的空白，在促进果实发育和营养生长等方面显示出巨大的应用潜力，中国科学院成都生物所利用微生物发酵生产脱落酸（诱抗素、SABA）成功，解决了天然脱落酸成本高的问题，使生产应用成为可能。这一阶段，作物化学控制技术的研究和推广在我国得到高度重视，在调节剂作用机理和化学控制理论方面也取得大量可喜进展。1985年经农业部正式批准，全国唯一的专门从事作物化学控制研究、教学和推广的“北京农业大学农作物化学控制研究室”（1998年更名为“北京农业大学农作物化学控制研究中心”）成立，并制订了“发展化控学科，培养专业人才，服务经济建设”的发展方向。全国各地从事相关研究的机构和人员逐年增加。国内成立了“植物生长物质学会”（后转为“植物生理学会植物生长物质专业委员会”）和“中国农业技术推广协会作物化控专业委员会”，分别多次举办全国性学术会议和交流，并组织调节剂推广应用协作组，有力地推动了作物化学控制技术的发展。

3. 研究发展阶段

21世纪以来，由于作物生产条件改善、生产目标提高、品种更新和高新技术的引入，以及生产管理技术变革等因素对植物生长调节剂的研究与技术提出了新的要求，表现在对技术的环境和农产品安全性的要求提高、与其他技术的有机融合组装成集约化的技术体系、改善产品品质和增加植物抵御逆境灾害的能力成为研究的重要目标。使用人工合成的植物生长调节剂控制植物生长已经成为一种新的农业技术。植物激素作用分子机理的研究已成为当前国际植物科学基础研究的重点，我国科学家在激素受体鉴定、激素代谢调控、信号转导以及激素调控株型发育等方面取得了具有重大国际影响的成果，同时又进一步促进了植物生长调节剂的深入研究和广泛应用。

第一章 植物信号系统与植物激素

第一节　植物信号系统

生长发育是基因在一定时间、空间上顺序表达的过程，而基因表达除受遗传信息支配外，还受环境的调控。植物在整个生长过程中，受到各种内外因素的影响，这就需要植物体正确地辨别各种信息并做出相应的反应，以确保正常的生长和发育。例如植物的向光性能促使植物向光线充足的方向生长，在这个过程中，首先植物体要能感受到光线，然后把相关的信息传递到有关的靶细胞，并诱发胞内信号转导，调节基因的表达或改变酶的活性，从而使细胞做出反应。这种信息的胞间传递和胞内转导过程称为植物体内的信号传导。

在植物细胞的信号反应中，已发现有几十种信号分子，按其作用范围可分为胞间信号分子和胞内信号分子。对于细胞信号传导的分子途径，可分为四个阶段，即：胞间信号传递、膜上信号转换、胞内信号转导及蛋白质可逆磷酸化（见图 1-1）。

一、胞间信号的传递

植物体内的胞间信号可分为两类，即化学信号和物理信号。

（一）化学信号

化学信号（Chemical Signal）是指细胞感受刺激后合成并传递到作用部位引起生理反应的化学物质。一般认为，植物激素是植物体主要的胞间化学信号。如当植物根系受到水分亏缺胁迫时，根系细胞迅速合成脱落酸（ABA），ABA 再通过木质部蒸腾流输送到地上部分，引起叶片生长受抑和气孔导度的下降。而且 ABA 的合成和输出量也随水分胁迫程度的加剧而显著增加。这种随着刺激强度的增加，细胞合成量及向作用位点输出量也随之增加的化学信号物质称之为正化学信号（Positive Chemical Signal）。然而在水分胁迫时，根系合成和输出细胞分裂素（CTK）的量显著减少，这样随着刺激强度的增加，细胞合成量及向作用位点输出量随之减少的化学信号物质称为负化学信号（Negative Chemical Signal）。

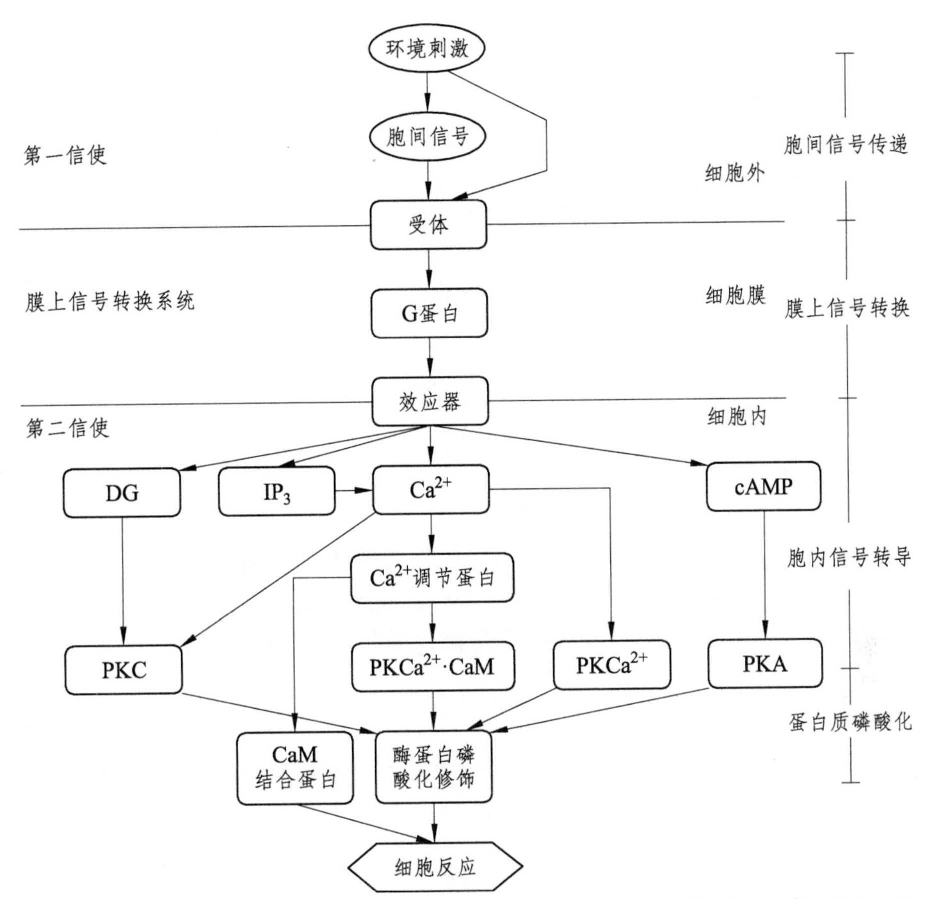

IP_3—三磷酸肌醇；DG—二酰甘油；PKA—依赖 cAMP 的蛋白激酶；$PKCa^{2+}$—依赖 Ca^{2+}的蛋白激酶；PKC—依赖 Ca^{2+}与磷脂的蛋白激酶；$PKCa^{2+}\cdot CaM$—依赖 $Ca^{2+}\cdot CaM$ 的蛋白激酶。

图 1-1　细胞信号传导的主要分子途径

当植物的一张叶片被虫咬伤后，会诱导本叶和其他叶产生蛋白酶抑制物（PIs）等，以阻碍病原菌或害虫进一步侵害。如伤害后立即除去受害叶，则其他叶片不会产生 PIs。但如果将受害叶的细胞壁水解片段（主要是寡聚糖）加到叶片中，又可模拟伤害反应诱导 PIs 产生，从而认为寡聚糖是由受伤叶片释放并经维管束转移，继而诱导 PIs 基因活化的信号物质。已知 1,3-*β*-D-葡聚糖、寡聚半乳糖醛酸、富含甘露糖的糖蛋白、聚氨基葡萄糖等都是构成细胞壁的主要成分，它们除了具有支持细胞框架的功能外，还起诱导抗性和控制发育的信号作用，成为引人注目的胞间信号分子。此外，一些生长调节物质如壳梭孢菌素、水杨酸、花生四烯酸、茉莉酸、茉莉酸甲酯、多胺类物质以及乙酰胆碱等都具有化学信号的功能。

（二）物理信号

物理信号（Physical Signal）是指细胞感受到刺激后产生的能够起传递信息作用的电信号和水力学信号。电信号传递是植物体内长距离传递信息的一种重要方式，是植物体对外部刺激的最初反应。植物的电波研究较多的为动作电位（Action Potential，AP），也叫动作电波，它是指细胞和组织中发生的相对于空间和时间的快速变化的一类生物电位。植物中动作电波的传递仅用短暂的冲击（如机械震击、电脉冲或局部温度的升降）就可以激发出来，而且受刺激的植物没有伤害，不久便恢复原状。有人测到捕虫植物的动作电位幅度为 110 ~ 115 mV，传递速度可达 6 ~ 30 $cm \cdot s^{-1}$。

一些敏感植物或组织（如含羞草的茎叶、攀缘植物的卷须等），当受到外界刺激，发生运动反应（如小叶闭合下垂、卷须弯曲等）时伴有电波的传递。当让平行排列的轮藻细胞中的一个细胞接受电刺激而引起动作电位后，该细胞就可以将其传递到相距 10 mm 处的另一个细胞而且引起同步节奏的动作电位。怀尔登（Wildon）等用番茄做实验，指出由子叶伤害而引起第一真叶产生 PIs 的过程中，动作电位是传播的主要方式。他们采取让电信号通过后马上就除去子叶以及使子叶叶柄致冷以阻碍筛管运输、排除化学物质传递的试验，其结果都证明单有电信号就可以引起 PIs 反应，而且他们也首次证明了电信号可引起包括基因转录在内的生理生化变化。

植物细胞对水力学信号（压力势的变化）很敏感。玉米叶片木质部压力的微小变化就能迅速影响叶片气孔的开度，即压力势降低时气孔开放，反之亦然。

（三）胞间信号的传递

当环境信号刺激的作用位点与效应位点处在植物不同部位时，胞间信号就要做长距离的传递，高等植物胞间信号的长距离传递，主要有以下几种：

1. 易挥发性化学信号在体内气相的传递

易挥发性化学信号可通过在植株体内的气腔网络（Air Space Network）中的扩散而迅速传递，通常这种信号的传递速度可达 2 $mm \cdot s^{-1}$ 左右。植物激素乙烯和茉莉酸甲酯（JA-Me）均属此类信号，而且这两类化合物在植物某器官或组织受到刺激后可迅速合成。在大多数情况下，这些化合物从合成位点迅速扩散到周围环境中，因此它们在植物体内信号的长距离传递中的作用不大。然而，若植物生长在一个密闭的条件下，这些化合物可在植物体内积累并迅速到达作用部位而产生效应。自然条件下发生涝害或淹水时植株体内就经常存在这类信号的传递。

2. 化学信号的韧皮部传递

韧皮部是同化物长距离运输的主要途径，也是化学信号长距离传递的主要途径。植物体内许多化学信号物质，如 ABA、JA-Me、寡聚半乳糖、水杨酸等都可通过韧皮部途径传递。一般韧皮部信号传递的速度在 0.1 ~ 1 $mm \cdot s^{-1}$ 之间，最高可达 4 $mm \cdot s^{-1}$。

3. 化学信号的木质部传递

化学信号通过集流的方式在木质部内传递。近年来这方面研究较多的是植物在受到土壤干旱胁迫时，根系可迅速合成并输出某些信号物质，如 ABA。根系合成 ABA 的量与其受的胁迫程度密切相关。合成的 ABA 可通过木质部蒸腾流进入叶片，并影响叶片中的 ABA 浓度，从而抑制叶片的生长和气孔的开放。

4. 电信号的传递

植物电波信号的短距离传递需要通过共质体和质外体途径，而长距离传递则是通过维管束进行。对草本非敏感植物来讲，AP 的传播速度在 1 ~ 20 $mm \cdot s^{-1}$ 之间；但对敏感植物而言，AP 的传播速度高达 200 $mm \cdot s^{-1}$。

5. 水力学信号的传递

水力学信号是通过植物体内水连续体系中的压力变化来传递的。水连续体系主要通过木质部系统而贯穿植株的各部分，植物体通过这一连续体系，一方面可有效地将水分运往植株的大部分组织，另一方面也可将水力学信号长距离传递到连续体系中的各部分。

二、膜上信号的转换

胞间信号从产生位点经长距离传递到达靶细胞，靶细胞首先要能感受信号并将胞外信号转变为胞内信号，然后再启动下游的各种信号转导系统，并对原初信号进行放大以及激活次级信号，最终导致植物的生理生化反应。

（一）受体与信号的感受

受体（Receptor）是指在效应器官细胞质膜上能与信号物质特异性结合，并引发产生胞内次级信号的特殊成分。受体可以是蛋白质，也可以是一个酶系。受体和信号物质的结合是细胞感应胞外信号，并将此信号转变为胞内信号的第一步。通常一种类型的受体只能引起一种类型的转导过程，但一种外部信号可同时引起不同类型表面受体的识别反应，从而产生两种或两种以上的信使物质。

一般认为受体存在于质膜上。然而植物细胞具有细胞壁，它可能使某些胞间信号分子不能直达膜外侧，而首先作用于细胞壁。一些外界刺激有可能通过细胞壁—质膜—细胞骨架蛋白变构而引起生理反应，如细胞壁对病原入侵后的防御反应以及对细胞生长发育有重要作用。

（二）G 蛋白（G protein）

在受体接受胞间信号分子到产生胞间信号分子之间，往往要进行信号转换，通常认为是通过 G 蛋白将转换偶联起来，故又称偶联蛋白或信号转换蛋白。G 蛋白的全称为 GTP 结合调节蛋白（GTP binding regulatory protein），此类蛋白由于其生理活性有赖于三磷酸鸟苷（GTP）的结合以及具有 GTP 水解酶的活性而得名。20 世纪 70 年代初在动物细胞中发现了 G 蛋白的存在，进而证明了 G 蛋白是细胞膜受体与其所调节的相应生理过程之间的主要信号转导者。G 蛋白的信号偶联功能是靠 GTP 的结合或水解产生的变构作用完成。当 G 蛋白与受体结合而被激活时，继而触发效应器，把胞间信号转换成胞内信号。而当 GTP 水解为 GDP 后，G 蛋白就回到原初构象，失去转换信号的功能。G 蛋白的发现是生物学一大成就。吉尔曼（Gilman）与罗德贝尔（Rodbell）因此获得 1994 年诺贝尔医学生理奖。

植物 G 蛋白的研究始于 20 世纪 80 年代，并已证明 G 蛋白在高等植物中的普遍存在，也证明它在光、植物激素对植物的生理效应以及在跨膜离子运输、气孔运动、植物形态建成等生理活动的细胞信号转导过程中有重要调节作用。细胞内的 G 蛋白一般分为两大类：一类是由三种亚基（α、β、γ）构成的异源三体 G 蛋白，另一类是只含有一个亚基的单体“小 G 蛋白”。小 G 蛋白与异源三体 G 蛋白 α 亚基有许多相似之处。它们都能结合 GTP 或 GDP，结合了 GTP 之后都呈活化态，可以启动不同的信号转导。

异源三体 G 蛋白位于膜内侧，并与质膜紧密结合。当某种刺激信号与其膜上的特异受体结合后，激活的受体将信号传递给 G 蛋白，G 蛋白的 α 亚基与 GTP 结合而被活化。活化的 α 亚基与 β 和 γ 亚基复合体分离而呈游离状态，活化的 α 亚基继而触发效应器，把胞外信号转换成胞内信号。而当 α 亚基所具有的 GTP 酶活性将与 α 亚基相结合的 GTP 水解为 GDP 后，α 亚基恢复到去活化状态并与 β 和 γ 亚基相结合为复合体。如从黄化豌豆幼苗中分离出的 G 蛋白 α 亚基的 GTP 酶可被蓝光激活，说明 G 蛋白可能参与植物对蓝光的生理过程。利用 G 蛋白的颉颃剂霍乱毒素（Cholera toxin）处理可抑制光敏色素 mRNA 的积累，这说明 G 蛋白可能参与由光敏色素调节的基因表达及生理过程。赤霉素可引起黄化小麦原生质体的吸胀，而 G 蛋白抑制剂可消除赤霉素的作用。关于效应器，从已发现的植物第二信使系统来看，主要是 cAMP、cGMP、IP_3 及 Ca^{2+}。目前只有 PLC（磷酸酯酶 C）有充足的证据表明其是 G 蛋白信号系统中的效应器。近年发现菠菜类囊体蛋白质激酶的活性依赖于由 G 蛋白激活引起的环腺苷酸（cAMP）浓度升高。随着研究的深入，科学家将发现更多新的植物 G 蛋白，进一步弄清 G 蛋白与其受体、效应器之间的作用关系，使植物体内的信号转导的研究达到新的高度。

三、细胞内信号转导形成网络

胞外的刺激信号或通过与细胞表面的受体结合，经跨膜信号转换而进入胞内，或直接进入细胞，与胞内受体结合而进一步传递信号。

在细胞内信号的放大和传递是通过不同方式的。在植物生长发育的某一阶段，常常是多种刺激同时作用。这样，复杂而多样的信号系统之间存在着相互作用，在细胞内形成信号转导网络（Signaling Network）。

如果将胞外各种刺激信号作为细胞信号传导过程中的初级信号或第一信使，那么则可以把由胞外刺激信号激活或抑制的、具有生理调节活性的细胞内因子称为细胞信号传导过程中的次级信号或第二信使（Second Messenger）。

1. 钙信号系统

植物细胞内的游离钙离子是细胞信号转导过程中重要的第二信使。植物细胞质中 Ca^{2+}含量一般在 $10^{-7}\sim10^{-6}$ mol·L^{-1} 之间，而胞外 Ca^{2+}浓度为 $10^{-4}\sim10^{-3}$ mol·L^{-1}；胞壁

是细胞最大的 Ca^{2+}库，其浓度可达 1 ~ 5 $mol\cdot L^{-1}$；细胞器的 Ca^{2+}浓度也是胞质的几百到上千倍，所以 Ca^{2+}在植物细胞中的分布极不平衡。几乎所有的胞外刺激信号（如光照、温度、重力、触摸等物理刺激和各种植物激素、病原菌诱导因子等化学物质）都可能引起胞内游离钙离子浓度的变化，而这种变化的时间、幅度、频率、区域化分布等却不尽相同，所以有可能不同刺激信号的特异性正是靠钙离子浓度变化的不同形式而体现的。胞内游离钙离子浓度的变化可能主要是通过钙离子的跨膜运转或钙的螯合物的调节而实现的，此外，在质膜、液泡膜、内质网膜上都有钙离子泵或钙离子通道的存在（见图 1-2）。胞外刺激信号可能直接或间接地调节这些钙离子的运输系统，引起胞内游离钙离子浓度变化以至影响细胞的生理生化活动。如保卫细胞质膜上的内向钾离子通道（Inward K^+ Channel）可被钙离子抑制，而外向钾离子和氯离子通道则可被钙离子激活等。

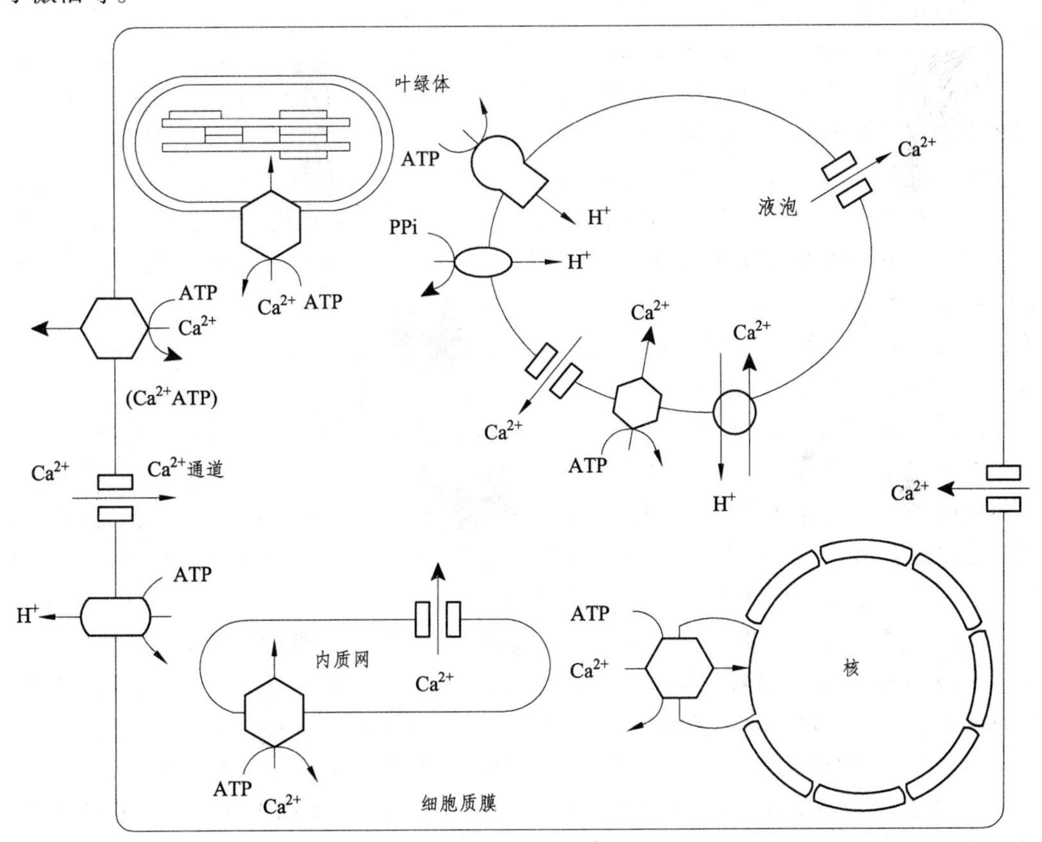

图 1-2　植物细胞中 Ca^{2+}的运输系统

质膜与细胞器膜上的 Ca^{2+}泵和 Ca^{2+}通道，控制细胞内 Ca^{2+}的分布和浓度；胞内外信号可调节这些 Ca^{2+}的运输系统，引起 Ca^{2+}浓度变化。在液泡内，Ca^{2+}往往和植酸等有机酸结合。

胞内 Ca^{2+}信号通过其受体——钙调蛋白转导信号。现在研究得较清楚的植物中的钙调蛋白主要有两种：钙调素与钙依赖型蛋白激酶。

钙调素（Calmodulin，CaM）是最重要的多功能 Ca^{2+}信号受体，是由 148 个氨基酸组成的单链的小分子（分子量为 17 000 ~ 19 000）酸性蛋白。CaM 分子有四个 Ca^{2+}结合位点。当外界信号刺激引起胞内 Ca^{2+}浓度上升到一定阈值后（一般≥10^{-6} mol·L^{-1}），Ca^{2+}与 CaM 结合，引起 CaM 构象改变。而活化的 CaM 又与靶酶结合，使其活化而引起生理反应。目前已知有十多种酶受 Ca^{2+}-CaM 的调控，如蛋白激酶、NAD 激酶、H^{+}-ATPase 等。在以光敏色素为受体的光信号传导过程中 Ca^{2+}-CaM 胞内信号起了重要的调节作用。

2. 肌醇磷脂信号系统

生物膜由双层磷脂及膜蛋白组成。对于它在信号转导中的作用，多年来人们把注意力集中在功能繁多的膜蛋白上，而脂质组分仅被看成是一种惰性基质。20 世纪 80 年代后期的研究表明，质膜中的某些磷脂，在植物细胞内的信号转导过程中起了重要作用。

肌醇磷脂（Inositol Phospholipid）是一类由磷脂酸与肌醇结合的脂质化合物，分子中含有甘油、脂酸磷酸和肌醇等基因，其总量占膜脂总量的 1/10 左右。其肌醇分子六碳环上的羟基被不同数目的磷酸酯化，主要以三种形式存在于植物质膜中：磷脂酰肌醇（Phosphatidyl Inositol，PI）、磷脂酰肌醇-4-磷酸（PIP）和磷脂酰肌醇 4,5-二磷酸（PIP_2）。

以肌醇磷脂代谢为基础的细胞信号系统，是在胞外信号被膜受体接受后，以 G 蛋白为中介，由质膜中的磷酸酯酶 C（PLC）水解 PI_2 而产生肌醇-1,4,5-三磷酸（Inositol 1,4,5-triphosphate IP_3）和二酰甘油（Diacylglycerol，DG，DAG）两种信号分子。因此，该系统又称双信号系统。在双信号系统中，IP_3 通过调节 Ca^{2+}浓度，而 DAG 则通过激活蛋白激酶 C（PKC）来传递信息。

IP_3 作为信号分子，在植物中它的主要作用靶为液泡，IP_3 作用于液泡膜上的受体后，可影响液泡膜形成离子通道，使 Ca^{2+}从液泡这一植物细胞中重要的贮钙体中释放出来，引起胞内 Ca^{2+}浓度升高，从而启动胞内 Ca^{2+}信号系统来调节和控制一系列的生理反应。已有证据证明 IP_3/ Ca^{2+}系统在干旱和 ABA 引起的气孔开闭、植物对病原微生物侵染及激发子诱导等环境刺激快速反应中起信号转导作用。

DAG 的受体是蛋白激酶 C（Protein Kinase C，PKC），在一般情况下，质膜上不存在自由的 DAG。在有 DAG、Ca^{2+}时，磷脂与 PKC 分子相结合，PKC 激活，使某些酶类磷酸化，导致细胞反应；当胞外刺激信号消失后，DAG 首先从复合物上解离下来，而使酶钝化，与 DAG 解离后的 PKC 可以继续存在于膜上或进入细胞质里备用。

IP_3 作为信号分子，在植物中它的主要作用靶为液泡，IP_3 作用于液泡膜上的受体后，可影响液泡膜形成离子通道，使 Ca^{2+}从液泡这一植物细胞中重要的贮钙体中释放出来，引起胞内 Ca^{2+}浓度升高，从而启动胞内 Ca^{2+}信号系统来调节和控制一系列的生理反应。已有证据证明 IP_3/Ca^{2+}系统在干旱和 ABA 引起的气孔开闭、植物对病原微生物侵染及激发子诱导等环境刺激快速反应中起信号转导作用。

DAG 的受体是蛋白激酶 C（Protein Kinase C，PKC），在一般情况下，质膜上不存在自由的 DAG。在有 DAG、Ca^{2+}时，磷脂与 PKC 分子相结合，PKC 激活，使某些酶类磷酸化，导致细胞反应；当胞外刺激信号消失后，DAG 首先从复合物上解离下来，而使酶钝化，与 DAG 解离后的 PKC 可以继续存在于膜上或进入细胞质里备用。

3. 环核苷酸信号系统

受动物细胞信号的启发，人们最先在植物中寻找的胞内信使是环腺苷酸（cyclic AMP，cAMP），但这方面的进展较缓慢，在动物细胞中，cAMP 依赖性蛋白激酶（蛋白激酶 A，PKA）是 cAMP 信号系统的作用中心。植物中也可能存在着 PKA。蔡南海实验室证实了在叶绿体光诱导花色素苷合成过程中，cAMP 参与受体 G 蛋白之后的下游信号转导过程，环核苷酸信号系统与 Ca^{2+}-CaM 信号转导系统在合成完整叶绿体过程中协同起作用。

四、蛋白质的磷酸化和去磷酸化

植物体内许多功能蛋白转录后需经共价修饰才能发挥其生理功能，蛋白质磷酸化就是进行共价修饰的过程，蛋白质磷酸化以及去磷酸化是分别由一组蛋白激酶（Protein Kinase）和蛋白磷酸酯酶（Protein Phosphatase）所催化的，它们是上述的几类胞内信使进一步作用的靶酶，也即胞内信号通过调节胞内蛋白质的磷酸化或去磷酸化过程而进一步转导信号。外来信号与相应的受体结合，会导致后者构象发生变化，随后就可通过引起第二信使的释放而作用于蛋白激酶（或磷酸酯酶），或者因有些受体本身就具有蛋白激酶的活性，所以与信号结合后可立即得到激活。蛋白激酶可对其底物蛋白质所特定的氨基酸残基进行磷酸化修饰，从而引起相应的生理反应，以完成信号转导过程。此外，由于蛋白激酶的底物既可以是酶，也可以是转录因子（Transcription Factors），因而它们既可以直接通过对酶的磷酸化修饰来改变酶的活性，也可以通过修饰转录因子而激活或抑制基因的表达，从而使细胞对外来信号做出相应的反应。

在植物中，目前已知的蛋白激酶至少有 30 多种，它们的作用也表现在多个方面，包括向光性、抗寒、抗病、根部的向地性、光合作用、自交不亲和性以及细胞分裂等，其中研究得较多的是最初从大豆中得到的依赖于钙离子的蛋白激酶（Calcium Dependent Protein Kinase，CDPK），CDPK 有一与钙结合位点。现已知的可被 CDPK 磷酸化的作用靶（或底物分子）有细胞骨架成分、膜运输成分、质膜上的质子 ATP 酶等。如从燕麦中分离出与质膜成分相结合的 CDPK 成分可将质膜上的质子 ATP 酶磷酸化，从而调节跨膜离子的运输。

除上述几类植物细胞信号转导系统以外，还存在其他一些信号转导因子，有人认为，凡是能在胞外刺激信号下发生改变的胞内因子，如果该因子的变化能引起细胞生理活动的变化，则这种因子就是细胞的第二信使。一些化学物质，如 H^+、H_2O_2、Mg^{2+}、氧化还原物质以及胞质 pH 等，是否是植物的胞内信使，尚在探讨之中。此外，以往把信号系统看成是一种因果关系的线性链，然而现在看来，参与传递信号的各因子之间的关系是非常复杂的，信号系统实际是一个信号网络，多种信号分子相互联系，立体交叉，协同作用，实现生物体中的信号传导过程。

第二节　植物激素的种类、生理功能及作用机理

植物的生长发育不但需要水分、矿质和有机物质的供应，而且还受到植物生长物质的调节与控制。植物生长物质（Plant Growth Substance）是指具有调节植物生长发育的一些生理活性物质，包括植物激素（Plant Hormones 或 Phytohormones）和植物生长调节剂（Plant Growth Regulators）。植物激素是指一些在植物体内合成，并经常从产生之处运送到别处，对生长发育产生显著作用的微量有机物质。植物生长调节剂是指人工合成的具有植物激素活性的化合物。

目前公认的植物激素有六大类，即生长素类、赤霉素类、细胞分裂素类、脱落酸、乙烯和油菜素甾体类。此外，茉莉酸类、水杨酸和多胺类等对植物的生长发育具有多方面的调节作用。

植物激素具有以下特点：第一，内生性，是植物生命活动中的正常代谢产物；第二，可移动性，由某些器官或组织产生后运至其他部位而发挥调控作用，在特殊情况下植物激素在合成部位也有调控作用；第三，调节性，植物激素不是营养物质，通常在极低浓度下产生生理效应。由于植物激素含量极低，最初人们利用生物鉴定法测定，随着科学技术的发展，现在用气相色谱、气-质联用、高效液相色谱和酶联免疫等方法测定植物激素。

一、生长素类

（一）生长素的发现与种类

生长素（Auxin）是最早发现的植物激素。1880 年英国的达尔文父子（C. Darwin 和 F. Darwin）在研究金丝雀虉草胚芽鞘的向光性时，发现在单向光照射下，胚芽鞘向光弯曲。如果切去尖端或将尖端遮起来，用单向光照射时，胚芽鞘不向光弯曲［见图 1-3（A）］。达尔文父子认为单向光引起的胚芽鞘向光弯曲是由于某种物质由鞘尖向下传递，造成背光面和向光面生长快慢不同所致。博伊森-詹森（Boysen-Jensen）在向光或背光的胚芽鞘一侧插入不透物质的云母片，他们发现只有当云母片插入背光面时，向光性受到阻碍。如在切下的胚芽鞘尖和胚芽鞘切口间放上一片明胶薄片，其向光性仍能发生［见图 1-3（B）］。帕尔（Paal）发现，将燕麦胚芽鞘尖端切下，把它放在切口的一边，即使不照光，胚芽鞘也会向另一边弯曲［见图 1-3（C）］。1928 年荷兰的温特（Went）用琼胶收集胚芽鞘的生长物质并建立了生长素的测定方法——燕麦试法。将燕麦胚芽鞘尖端切下，放在琼胶块上，约 1 h 后，移去芽鞘尖端，将琼胶切成许多小块，放在黑暗中生长的去顶胚芽鞘的一侧，胚芽鞘就会向放琼胶的对侧弯曲。如果放纯琼胶块，则不弯曲，该实验证明了达尔文父子的设想。

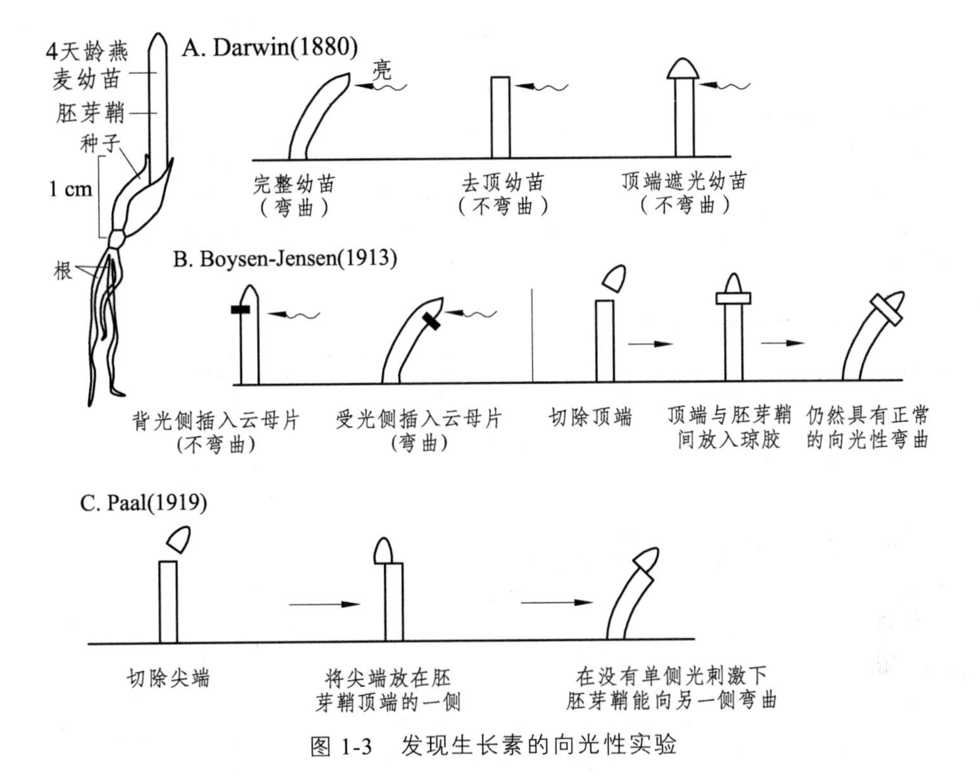

图 1-3　发现生长素的向光性实验

1934 年，科戈（F.Kogl）等从人尿、根霉、麦芽中分离和纯化了一种刺激生长的物质，经鉴定为吲哚乙酸（indole-3-acetic acid，IAA），其分子式为 $C_{10}H_9O_2N$，相对分子质量为 175.19。从此，吲哚乙酸（IAA）成了生长素的代名词。

除吲哚乙酸（IAA）外，在高等植物中还分离出苯乙酸（phenylacetic acid，PA A）、4-氯吲哚乙酸（4-chloroindole-3-acetic acid，4-Cl-IAA）、吲哚丁酸（indole-3-butyric acid，IBA）、吲哚乙腈（indole acetonitrile）等，它们都具有不同程度的生长素活性。此外，人工合成了生理活性与生长素类似的化合物，这些生理活性类似生长素的物质称为类生长素（auxin like compound）[见图 1-4（a）]，按结构可将类生长素分为 3 类：① 吲哚类，例如吲哚丁酸（IBA）、吲哚丙酸（indole propionic acid，IPA）；② 萘羧酸类，例如 α-萘乙酸（α-naphthalene acetic acid α-NAA）、萘乙酰胺（naphthyl acetamide）；③ 苯氧羧酸类，例如 2,4-二氯苯氧乙酸（2,4-dichlorophenoxyacetic acid，2,4-D）、2,4,5-三氯苯氧乙酸（2,4,5-trichlorophenoxyacetic acid，2,4,5-T）、2-甲氧基-3,6-二氯苯甲酸（2-methoxy-3,6-dichlorobenzoic acid，Dicamba）。类生长素与生长素在化学结构上的共同之处是都具有一个不饱和的芳香环，环上带有一个适当长度的羧基侧链。现在把结构和功能上类似于吲哚乙酸的物质统称为生长素类物质。此外，还有一类合成的生长素衍生物，例如 2,3,5-三碘苯甲酸（THBA）、2-对氯苯氧异丁酸（PCLB）、2,4,6-三氯苯氧乙酸（2,4,6-T）等，它们本身没有或只有很低的生长素活性，但在植物体内与生长素竞争受体，对生长素有专一的抑制效果，故称为抗生长素（antiauxin）[见图 1-4（b）]。

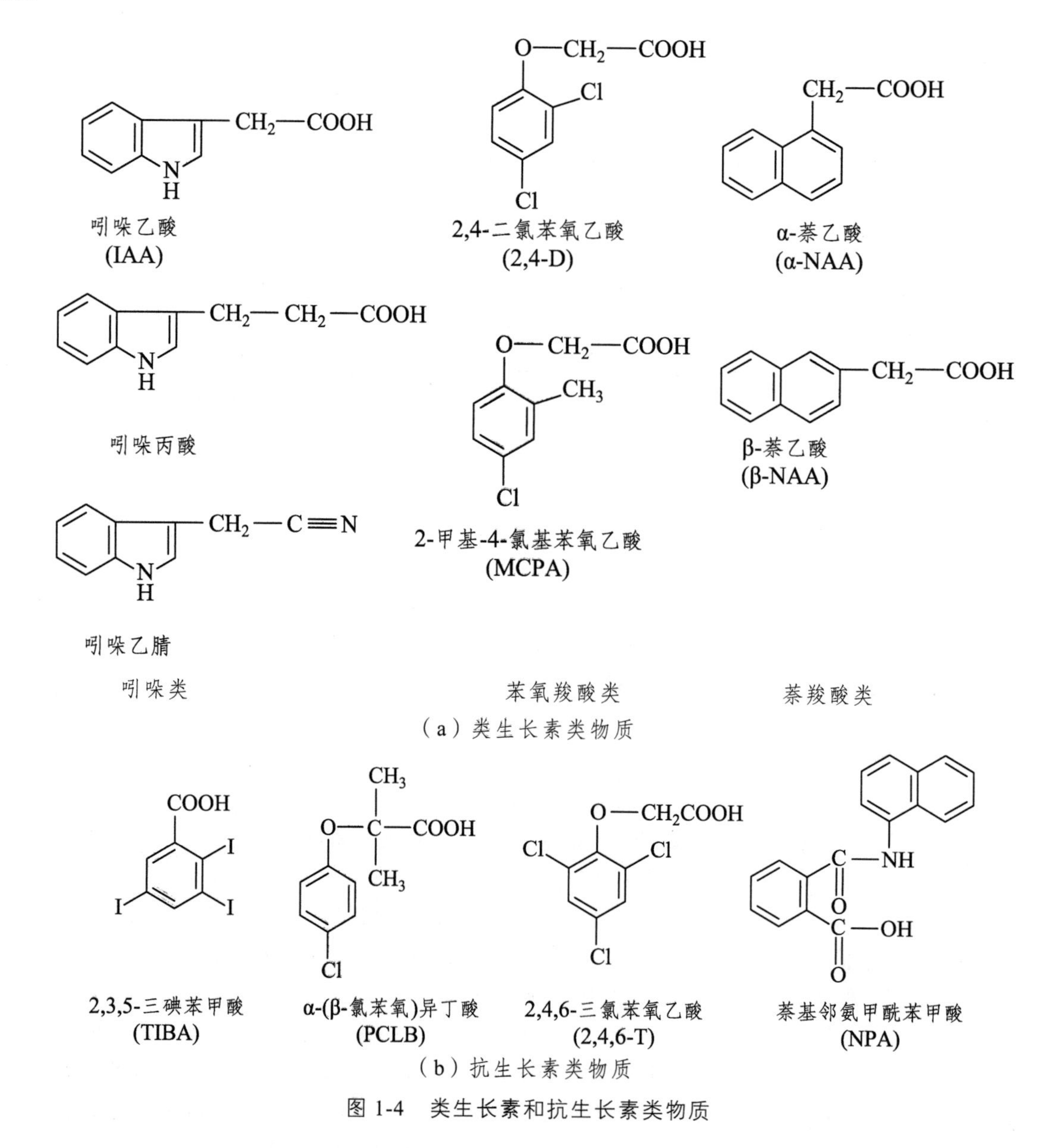

图 1-4　类生长素和抗生长素类物质

(二)生长素的分布、运输与存在形式

生长素在高等植物中分布很广，根、茎、叶、花、果实、种子及胚芽鞘中都有，但大多集中在生长旺盛的部位。

IAA 具有极性运输的特点，即 IAA 只能从植物形态学的上端向下端运输，不能逆向运输。这是一种需能的主动运输，当缺乏氧气或抑制呼吸时，运输速度降低。把含有生长素的琼胶小块放在一段切头去尾的胚芽鞘的形态学上端，把另一块不含生长素的琼胶小块接在另一端，一段时间后，下端的琼胶块中即含有生长素。反之，把含有生长素的琼胶块放在形态学的下端，不论顺重力方向或逆重力方向，生长素均不能从形态学的下端运输至形态学上端（见图 1-5）。供体琼胶块中含有 ^{14}C-IAA，无论切段的放置方向如何，^{14}C-IAA 只能从形态学上端（A）向下端（B）运输。

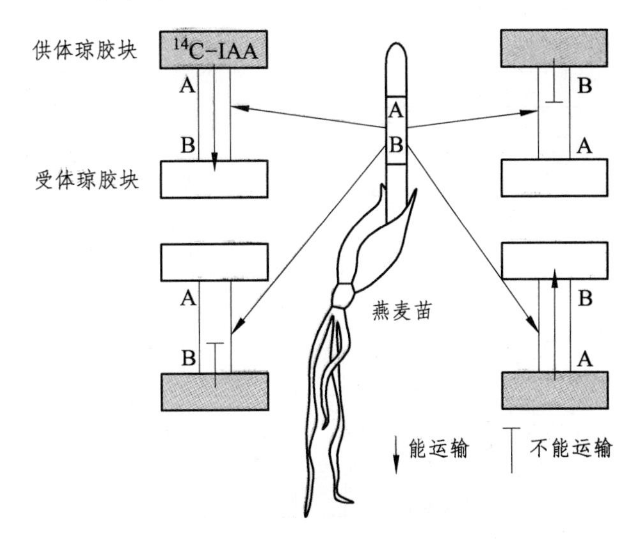

图 1-5　燕麦胚芽鞘切段中生长素的极性运输

生长素在植物体内常以游离型和束缚型两种形式存在。游离型生长素不与任何物质结合，具有生物活性。而束缚型生长素没有生物活性，但在溶液抽提、碱水解以及体内的酶的水解下，会释放出游离的有活性的 IAA。生长素与天冬氨酸结合形成吲哚乙酰天冬氨酸，与糖结合形成吲哚乙酰葡萄糖苷或阿拉伯糖苷，与肌醇结合形成吲哚肌醇。在适当的条件下，如种子萌动时，束缚型生长素可以转变成游离型的生长素。植物体内生长素通常都处于比较适宜的浓度，以维持不同发育阶段对生长素的需要。

（三）生长素的代谢

1. 生长素的生物合成

植物体内 IAA 的主要合成部位是茎端分生组织、正在扩展的嫩叶和发育中的种子（胚）。色氨酸（Tryptophan）和吲哚-3-甘油磷酸都可作为 IAA 生物合成的前体，依据前体的不同，IAA 生物合成途径可分为色氨酸途径和非色氨酸途径（见图 1-6）。

（1）吲哚丙酮酸途径。

色氨酸通过转氨作用形成吲哚-3-丙酮酸（IPA），再脱羧形成吲哚-3-乙醛。在缺乏色胺途径的植物中，吲哚丙酮酸途径在 IAA 生物合成中起了重要的作用。但是在西红柿中，吲哚丙酮酸途径和色胺途径同时存在。

（2）色胺途径。

色氨酸脱羧形成色胺，色胺在一系列酶的作用下形成吲哚-3-乙醛（IAAld），IAAld 进一步被氧化为 IAA。色胺途径存在于拟南芥等许多植物种类中。

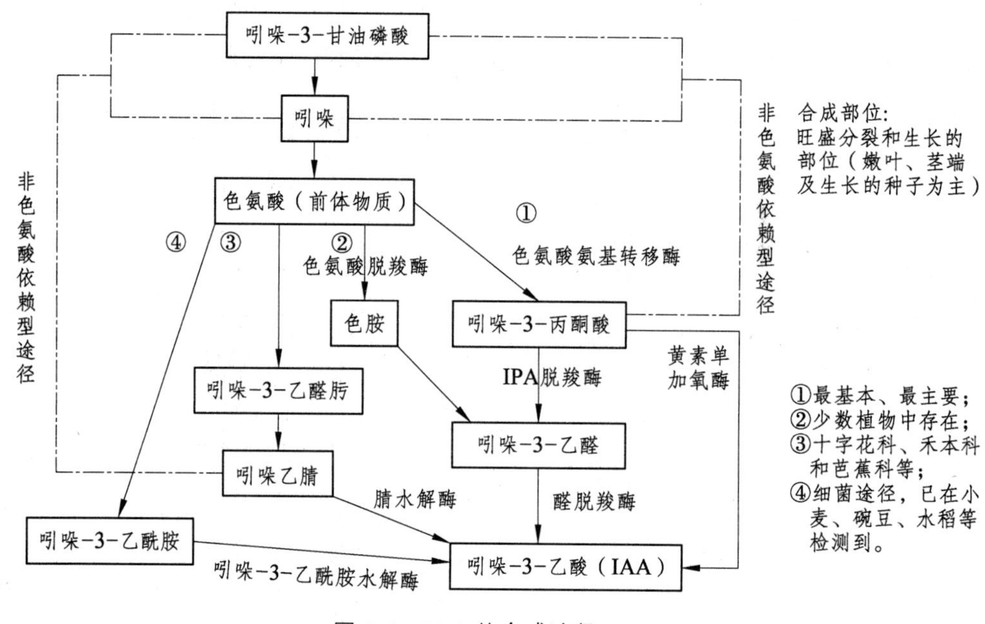

图 1-6　IAA 的合成途径

（3）吲哚乙腈途径。

色氨酸首先转变为吲哚乙醛肟（IAOx），IAOx 然后经过多重步骤转变为吲哚乙腈。吲哚乙腈在腈水解酶作用下形成 IAA。

（4）吲哚乙酰胺途径。

色氨酸在色氨酸单加氧酶作用下形成吲哚乙酰胺，然后经酰胺水解酶作用形成 IAA。

植物体中存在 IAA 生物合成的非色氨酸途径。进一步的研究表明 IAA 生物合成的前体为吲哚-3-甘油磷酸（见图 1-6）。

2. 生长素的氧化分解

IAA 的降解有两条途径，即酶促氧化降解和光氧化降解。

酶促氧化分解是 IAA 的主要降解过程，催化降解的酶是 IAA 氧化酶（IAA oxidase）。IAA 氧化酶是一种含铁的血红蛋白。IAA 氧化酶的活性需要两个辅助因子，即 Mn^{2+}和一元酚类。植物体内的对-香豆酸、4-羟苯甲酸和堪菲醇等一元酚类物质是天然的 IAA 氧化酶辅助因子，能抑制植物的生长。通常，在衰老组织中 IAA 氧化酶活性比较高。

IAA 的光氧化产物和酶促氧化产物都为亚甲基氧代吲哚（及其衍生物）和吲哚醛。IAA 的光氧化过程需要相对较大的光剂量，水溶液中的 IAA 照光后很快分解。

在生产上对植物施用 IAA 时，上述两种降解过程能同时发生。而人工合成的生长素类物质如 α-NAA 和 2,4-D 等则不受吲哚乙酸氧化酶的降解作用，能在植物体内保留较长的时间。

（四）生长素的生理效应

1. 促进伸长生长

生长素对细胞分裂、伸长和分化都有生理作用，但最显著的作用是促进伸长生长。生长素对细胞伸长的作用与生长素浓度、细胞年龄和器官种类有关。一般来说，生长素在低浓度时促进生长，浓度较高时则会转为抑制作用。不同器官对生长素的敏感程度不同，如根最敏感，其最适浓度约为 10^{-10} mol/L；茎最不敏感；芽的反应处于茎与根之间。

2. 促进器官与组织分化

生长素可使一些难生根的植物插条生根，用生长素处理插条基部，引起薄壁细胞脱落分化，形成愈伤组织，然后长出不定根。例如，在白薯扦插前用 10 ppm 萘乙酸水溶液浸泡，使插条生根多而快，提高成活率。

3. 促进结实

受精后的雌蕊可产生大量的生长素，吸收营养器官的养分运到子房，形成果实，所以生长素有促进果实生长的作用。用 10 mg/L 的 2,4-D 溶液喷洒番茄花簇，可以防止温室内光照不足或低温导致的早期落花，以提高座果率，还使子房不受精即膨大提早结实，形成无籽果实。

4. 防止器官脱落

生长素能“征调”营养，延迟离层细胞的形成，因此生长素有防止脱落的作用。在生产上施用 10 mg/L 萘乙酸或 1 mg/L 2,4-D 可使棉花保蕾保铃。

5. 影响性别分化

生长素促进黄瓜的雌花分化，这种效应是 IAA 提高诱导乙烯的产生而实现的。此外，生长素还有促进菠萝开花、维持顶端优势、蔬花蔬果、杀除杂草等生理作用。

（五）生长素的作用机理

生长素诱导效应有快速反应和长期反应两类。

生长素快速反应有：生长素促进 H^+-ATP 酶向胞外泵 H^+的效应，促进气孔开启的效应和生长素响应的早期基因表达（5 min 内）。

生长素长期反应有：生长素响应的晚期基因表达，生长素促进细胞分裂、伸长、分化和衰老等。

人们对生长素的作用机理先后提出了“酸生长理论”和“基因活化学说”。

植物激素在分子水平上的作用通常可被划分为三个连续的阶段，即激素信号的感受、信号的转导和最终的响应。

1. 酸生长理论（Acid-growth Theory）

质膜上存在 ATP 酶-质子泵，生长素作为酶的变构效应剂，与质子泵的蛋白质结合，并使质子泵活化，把细胞质内的质子（H^+）分泌到细胞壁去，引起细胞壁环境的酸化，导致一些对酸不稳定的键（如氢键）易断裂。此外，在酸性环境中，有些存在于细胞壁的水解酶被激活，把固定形式的多糖转变为水溶性单糖，使细胞壁纤维素结构间的交织点断裂、联系松弛、细胞壁变软、可塑性增加。由于生长素和酸性溶液都可同样促进细胞伸长，因此，把生长素诱导细胞壁酸化并使其可塑性增大而导致细胞伸长的理论，称为酸生长学说（见图 1-7）。

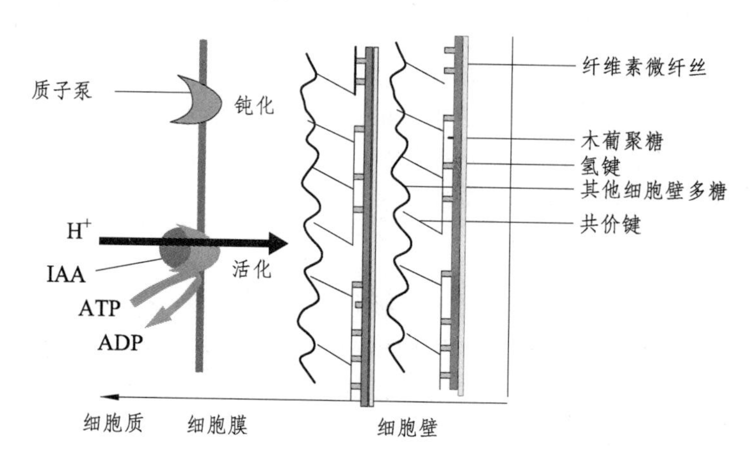

图 1-7　酸生长理论（Acid-growth Theory）—Rayle & Cleland（1970）

2. IAA 活化基因假说

该学说对生长素所诱导生长的长期效应解释如下：植物细胞具有全能性，但在一般情况下，绝大部分基因是处于抑制状态的，生长素的作用就是解除这种抑制，使某些处于“休眠”状态的基因活化，从而转录并翻译出新的蛋白质。

如图 1-8 所示，当 IAA 与质膜上的激素受体蛋白（可能就是质膜上的质子泵）结合后，激活细胞内的第二信使，并将信息转导至细胞核内，使处于抑制状态的基因解阻遏，基因开始转录和翻译，合成新的 mRNA 和蛋白质，为细胞质和细胞壁的合成提供原料，并由此产生一系列的生理生化反应。

IAA 促进核酸和蛋白质的合成。用 IAA 处理豌豆上胚轴，3 天后顶端 1 cm 处的 DNA 和蛋白质含量比对照增加 2.5 倍，RNA 含量比对照增加 4 倍。如用 RNA 合成抑制剂放线菌素 D 处理，则抑制 IAA 诱导的 RNA 的合成，如用蛋白质抑制剂环已酰亚胺处理时，则抑制蛋白质的合成。

在 IAA 刺激细胞生长的同时，必然有新的物质添加到细胞壁中以维持其厚度。应用 DNA 重组技术，科学家已经克隆了若干受 IAA 特异调节的基因，即 AUX 基因（auxin-response genes）。综上所述，IAA 一方面与受体结合，活化质膜上的 ATP 酶-质子泵，促进细胞壁环境酸化，增加可塑性，细胞体积增大；另一方面，IAA 活化基因，促进核酸和蛋白质的合成，为原生质体和细胞壁的合成提供原料，促进细胞生长。

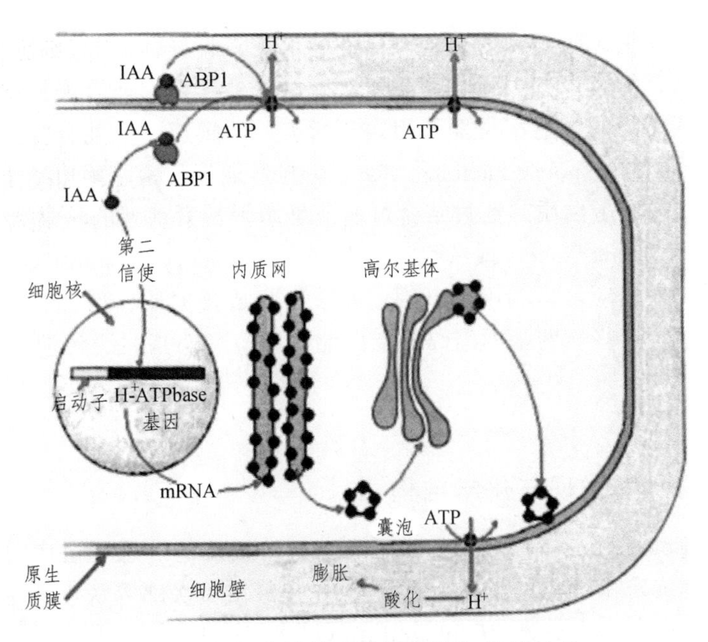

图 1-8　生长素的基因激活假说与信号转导

3. 生长素的信号转导

（1）生长素受体。

生长素受体是激素受体的一种。所谓激素受体（Hormone Receptor），是指能与激素特异结合的，并能引发特殊生理生化反应的蛋白质。然而能与激素结合的蛋白质却并非都是激素受体，只可称其为某激素的结合蛋白（Binding Protein），例如生长素结合蛋白 ABP。激素受体的一个重要特性是激素分子和受体结合后能激活一系列的胞内信号转导，从而使细胞做出反应。

生长素受体在细胞中的存在位置有两种说法：一种认为存在于质膜上；另一种认为存在于细胞质（或细胞核）中。前者促进细胞壁松弛，是酸生长理论的基础；后者促进核酸和蛋白质的合成，是基因活化学说的基础。

目前已被证实的生长素受体是 TIR1(Transport Inhibitor Response 1), TIR1 是 F-box 蛋白，作为 E_3 泛素连接酶 SCF（SKIP 1/Cullin/F-box）复合体的亚基，形成 SCF-TIR 1 复合体。当缺乏生长素信号时，Aux/IAA 蛋白与结合在基因启动子上的生长素响应因子（Auxin Response Element，ARE）结合，抑制其活性，从而抑制了生长素响应基因的表达。当生长素与 TIR1 结合后，SCF-TIR1 复合体被激活，使 Aux/IAA 蛋白泛素化，从而被 26S 蛋白酶体降解，解除了生长素响应因子的抑制状态，引起生长素响应基因的表达。

（2）生长素的诱导基因。

当生长素与受体结合后，可活化一些转录因子，这些转录因子进入细胞，促进专一基因的表达。根据转录因子的不同，生长素诱导基因分为两类：

① 早期基因（Early Gene）或初级反应基因（Primary Response Gene）。生长素早

期反应基因是指在很短时间内就会被有活性的生长素特异性诱导的基因。早期基因的表达是被原来已有的转录基因活化刺激所致，所以外施蛋白质合成抑制剂如环己酰亚胺不能堵塞早期基因的表达。早期基因表达所需时间很短，从几分钟到几小时。生长素响应因子（Auxin Response Factor，ARF）是与早期生长素基因启动子中的生长素响应元件特异性结合的蛋白质，通过结合可调节早期生长素基因的转录活性及其表达。

② 晚期基因（Late Gene）或次级反应基因（Secondary Response Gene）。晚期基因转录对激素是长期反应。因为晚期基因需要重新合成蛋白质，所以其表达可被蛋白质合成抑制剂堵塞。某些早期基因编码的蛋白能够调节晚期基因的转录。

二、赤霉素类

（一）赤霉素的发现与化学结构

赤霉素（Gibberellins）是在研究水稻恶苗病时发现的。患恶苗病的水稻植株徒长与黄化的原因是赤霉菌分泌的物质所致。1938 年薮田贞次郎等从水稻赤霉菌中分离出有活性的物质，命名为赤霉素（Gibberellin，GA）。1959 年确定其化学结构，即赤霉素（Gibberellic Acid，GA）。

赤霉素是在化学结构上近似的一类化合物，属于类萜，这类化合物在植物体内占有重要地位，它是叶黄素、胡萝卜素、橡胶的基本结构单位。赤霉素是双萜，具有 19 或 20 个碳原子，分子结构中共同的构造是由四个环组成的赤霉烷，在赤霉烷上，由于双键、羟基数目和位置的不同，形成了各种赤霉素。目前，已从真菌、藻类、蕨类、裸子植物、被子植物分离出的 GA 达 120 余种，分别命名为 GA_1、GA_2、GA_3、GA_4……其中，GA_3 叫赤霉素，是生物活性最高的一种。几种有代表性的赤霉素结构如图 1-9 所示。

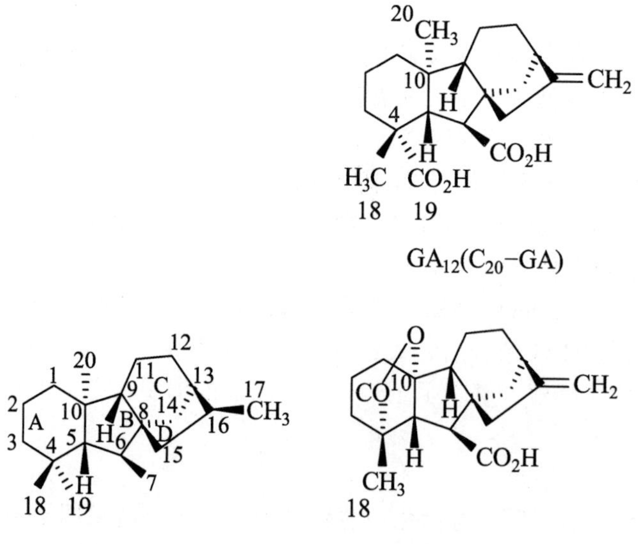

$GA_{12}(C_{20}-GA)$

赤霉素烷

$GA_9(C_{19}-GA)$

图 1-9 赤霉素结构

（二）赤霉素的分布、运输与存在形式

赤霉素在生长旺盛的部位含量较高，如茎端、根尖和果实种子。高等植物的赤霉素含量一般是 $1\sim1\,000\ ng\cdot g^{-1}$ 鲜重。植物所含赤霉素的种类、数量和状态也因植物发育时期而异。

赤霉素在植物体内的运输没有极性。嫩叶合成的赤霉素通过韧皮部的筛管向下运输，而根尖合成的赤霉素可沿木质部的导管向上运输。至于赤霉素的运输速度，物种间差异很大，如马铃薯为 $0.42\ mm\cdot h^{-1}$，豌豆是 $2.1\ mm\cdot h^{-1}$，矮生豌豆是 $5\ cm\cdot h^{-1}$。

在植物体内赤霉素有两种存在形式：自由型赤霉素和束缚型赤霉素。自由型赤霉素不以键的形式与其他物质结合，易被有机溶剂提取出来，具有生物活性。束缚型赤霉素是赤霉素与其他物质，如糖类、乙酸、氨基酸等结合而成，要用酸水解或酶蛋白分解才能释放出自由型赤霉素。束缚型赤霉素无生物活性。

（三）赤霉素的生物合成

植物合成赤霉素的部位是幼芽、幼根、发育的幼果和种子。赤霉素生物合成的前体物质是甲瓦龙酸（甲羟戊酸），然后形成异戊烯基焦磷酸，四个异戊烯基焦磷酸连接成牻牛儿基牻牛儿基焦磷酸，接着闭环形成贝壳杉烯，最后形成含 C_{20} 的 GA_{12}。其他的赤霉素都是由 GA_{12} 转化而来的。植物体内赤霉素合成途径如图 1-10 所示。

（四）赤霉素的生理效应

1. 促进茎的伸长生长

赤霉素对根的伸长无促进作用，但显著促进茎叶生长，且节间数目不变。生产上使用赤霉素可促进蔬菜（芹菜、莴苣、韭菜）、牧草、茶、麻类的营养生长以获得高产。用赤霉素处理后，某些植物的矮生品种（四季豆、玉米、甘蓝）生长加速，在形态上达正常植株的高度。例如，玉米 d_5 突变种矮化的原因是由于缺少合成赤霉素的基因，外用赤霉素可加速其生长。

2. 打破休眠

赤霉素可有效地打破种子、块茎、芽等的休眠状态。刚收获的马铃薯处于休眠状态，用 $1\ mg\cdot L^{-1}$ 赤霉素处理可促进其萌发。

3. 促进抽苔开花

未经春化的二年生植物（如萝卜、白菜、胡萝卜等）常呈莲座状生长而不抽苔开花，使用赤霉素处理可使这些植物当年抽苔开花。对于有些长日照下才能开花的植物，赤霉素也可以代替长日照的作用，使这些植物在短日照条件下开花。

4. 影响性别分化

生长素促进其雌花分化，而赤霉素促进黄瓜雄花分化。此外，GA 亦能诱导单性结实，促进细胞分裂与组织分化，促进座果等。

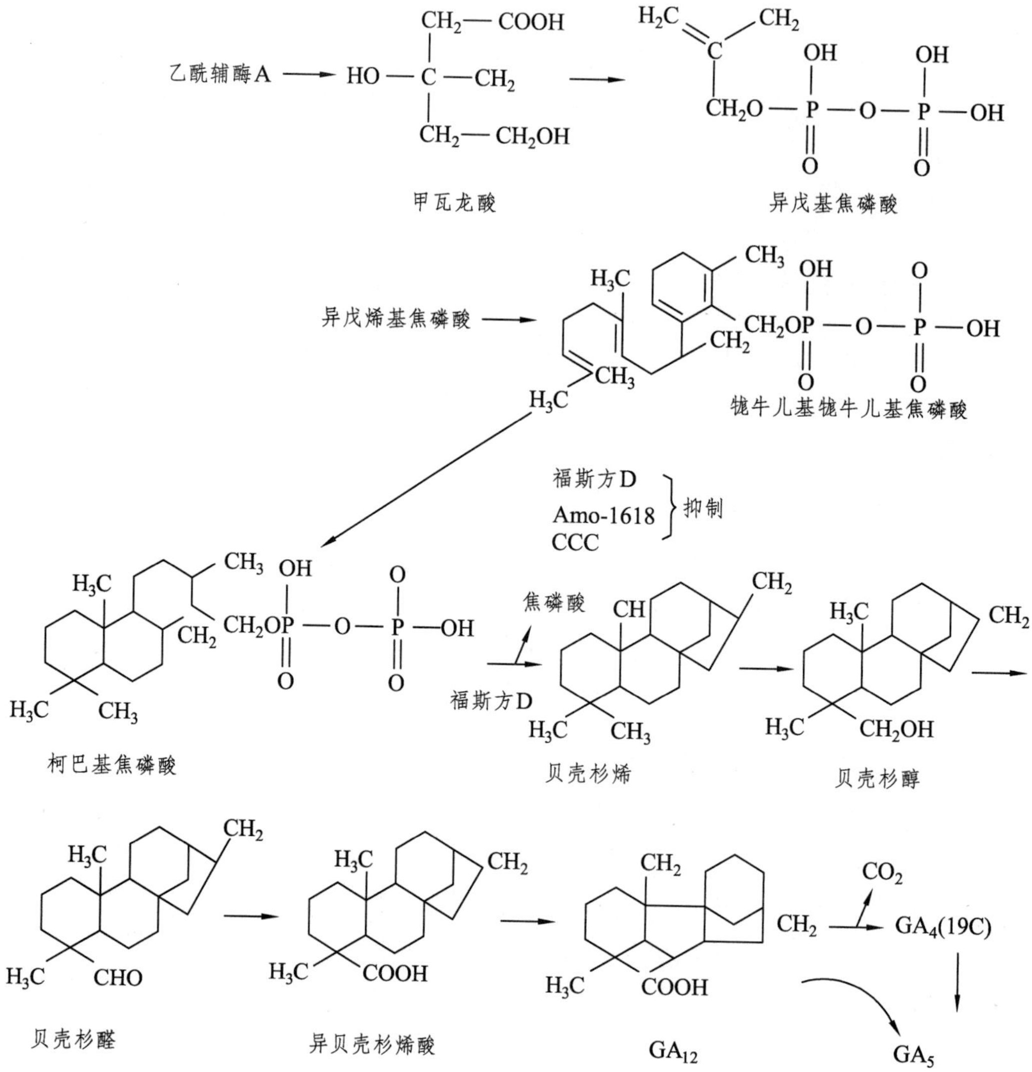

乙酰辅酶A → 甲瓦龙酸 → 异戊基焦磷酸

异戊烯基焦磷酸 → 牻牛儿基牻牛儿基焦磷酸

福斯方D
Amo-1618
CCC
抑制

柯巴基焦磷酸 → 焦磷酸 福斯方D → 贝壳杉烯 → 贝壳杉醇 →

贝壳杉醛 → 异贝壳杉烯酸 → GA_{12} → CO_2 GA_4(19C) → GA_5

图 1-10　植物体内赤霉素合成途径

（五）赤霉素的作用机理

1. 赤霉素调节生长素的水平

研究表明，GA 促进植物生长的作用是由于 GA 可以调节植物体内生长素的水平。目前有三种观点：① GA 促进 IAA 生物合成，如将燕麦胚芽鞘尖放在色氨酸溶液中，GA 能促进色氨酸转变为 IAA。此外，GA 能提高蛋白酶活性，蛋白质分解形成较多的色氨酸，因此提高 IAA 含量。② GA 能抑制 IAA 氧化酶和过氧化物酶的活性，降低 IAA 的分解速度。③ GA 能促使束缚型 IAA 释放为自由型 IAA，因此增加 IAA 含量。

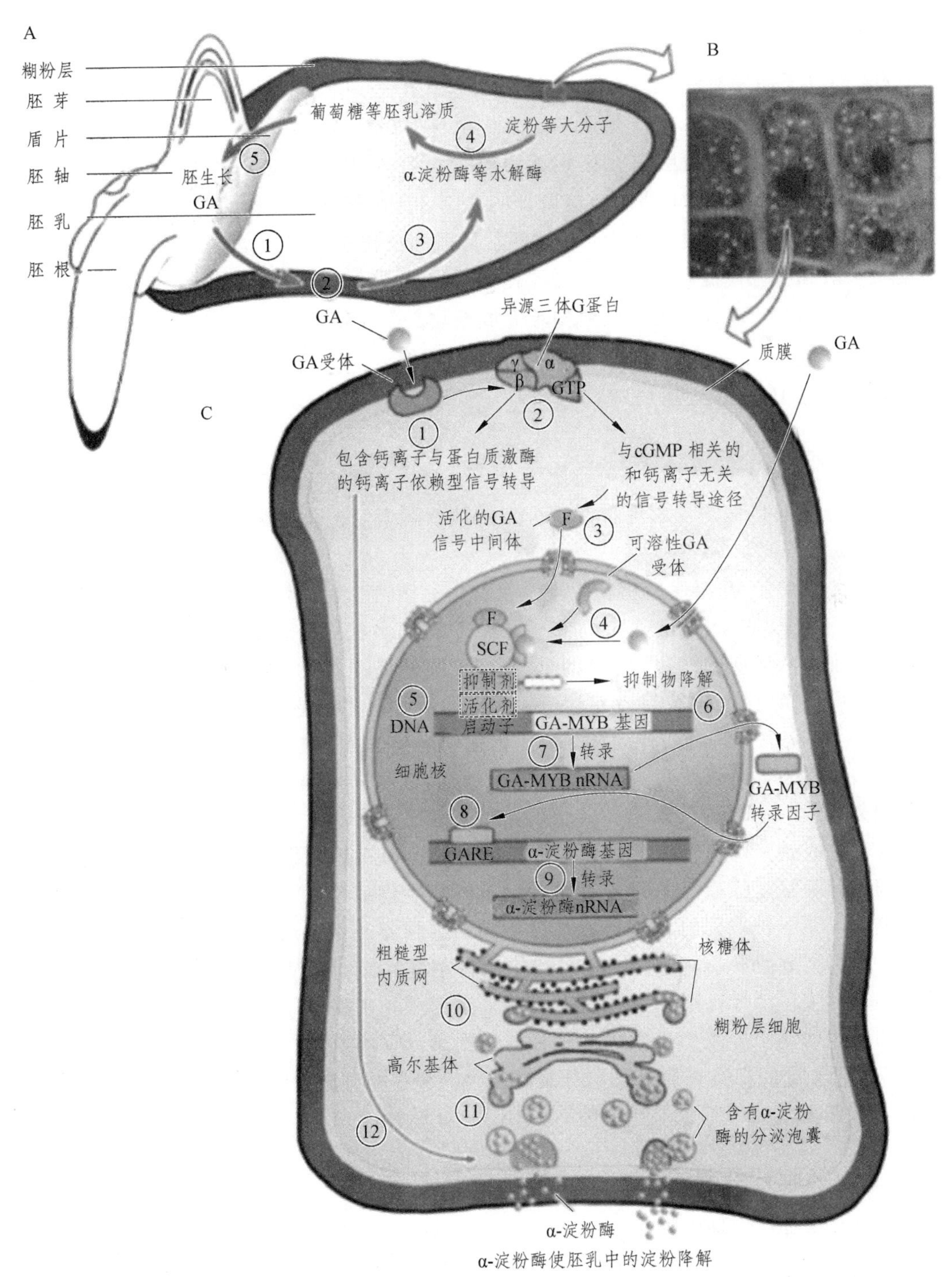

图 1-11　大麦糊粉层中由赤霉素诱导合成淀粉酶的过程示意图

2. 赤霉素诱导α-淀粉酶的合成

GA对种子萌发有独特效应，GA缺乏型拟南芥突变体的种子不能萌发，但外源GA的处理浓度达10 μmol·L^{-1}以上时，萌发率可达100%。实验证明，去胚大麦种子在外加GA诱导下，1 h糊粉层内就有α-淀粉酶的mRNA出现，随着时间的推移，胚乳中的淀粉被分解，如图1-11所示。这就证明，GA能够诱导α-淀粉酶的合成。具胚的大麦种子萌发时，胚中产生的GA，通过胚乳扩散到糊粉层细胞，诱导α-淀粉酶的形成，该酶又扩散到胚乳使淀粉水解。赤霉素诱导α-淀粉酶的形成这一发现，已被用到啤酒生产中。用GA处理，就可使大麦种子完成糖化，阻止种子发芽，减少了养分消耗。

三、细胞分裂素类

（一）细胞分裂素的发现与化学结构

细胞分裂素是一类主要促进细胞分裂的植物激素。此类物质中最早被发现的是激动素。

20世纪40至50年代，植物生理学家开始利用植物组织培养来研究细胞分裂和发育。1955年美国Wisconsin大学的F. Skoog及其同事在培养烟草髓部组织时，偶然地在培养基中加入变质的鲱鱼精子DNA，髓部细胞分裂就加快，如加入新鲜DNA，则完全无效。可是当新鲜DNA与培养基一起高压灭菌后，又能促进细胞分裂。后来从高压灭菌过的DNA中分离出一种纯结晶物质，化学名称是N^6-呋喃甲基腺嘌呤，它能促进细胞分裂，被命名为激动素（kinetin）。1963年首次从未成熟玉米种子中分离出了天然的细胞分裂素，命名为玉米素（zeatin）。当前，把具有和激动素相同生理活性的天然的和人工合成的一些化合物统称为细胞分裂素（cytokinin，简称CTK）。

细胞分裂素是腺嘌呤（即6-氨基嘌呤）的衍生物。当6位氨基、2位碳原子和9位氮上的氢原子被取代时，则形成各种不同的细胞分裂素。现在已在多种植物中鉴定出几十种细胞分裂素，例如，玉米素的化学名称是6-（4-羟基-3-甲基反式2-丁烯基氨基）嘌呤，生理活性比激动素强得多，后来在椰子乳中发现了玉米素核苷；从菠菜、豌豆和荸荠球茎中分离出异戊烯基腺苷。根据激动素的结构，人们合成了大量的衍生物加以应用，它们都具有促进细胞分裂的能力。常用的有激动素、6-苄基腺嘌呤（简称6-BA）和四氢吡喃苄基腺嘌呤（简称PBA），如图1-12所示为腺嘌呤及其衍生物。

（二）细胞分裂素的分布、运输与存在形式

细胞分裂素广泛地存在于高等植物中，在细菌、真菌、藻类中也有细胞分裂素。高等植物的细胞分裂素主要分布于进行细胞分裂的部位，如茎尖、根尖以及未成熟的种子和生长着的果实等。已在多种植物中鉴定出几十种细胞分裂素，如异戊烯基腺嘌呤（iP）、玉米素（ZT）、玉米素核苷等。玉米素和玉米素核苷为最常见的细胞分裂素。

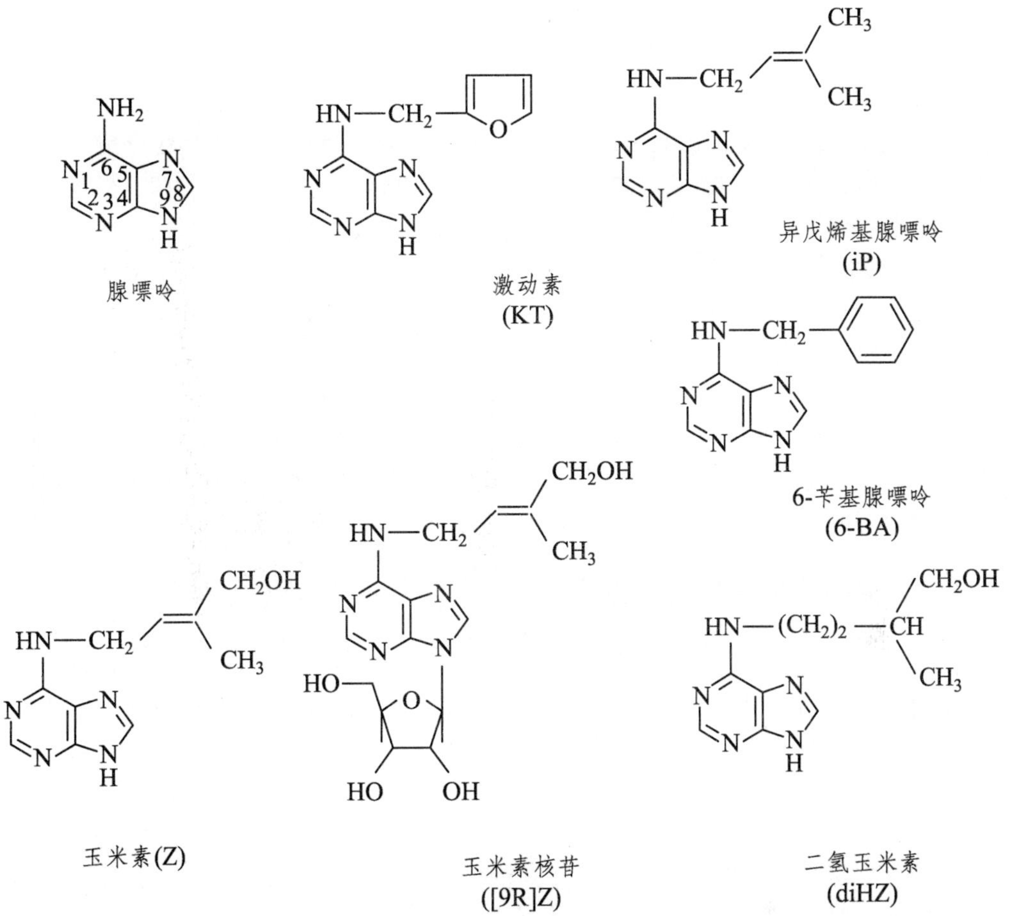

腺嘌呤

激动素
(KT)

异戊烯基腺嘌呤
(iP)

6-苄基腺嘌呤
(6-BA)

玉米素(Z)

玉米素核苷
([9R]Z)

二氢玉米素
(diHZ)

图 1-12　腺嘌呤及其衍生物

细胞分裂素是在根尖合成的，经木质部运到地上部分。细胞分裂素在植物体内的运输是非极性的。细胞分裂素常常通过糖基化、酰基化等方式转化为结合态形式。细胞分裂素的结合态形式较为稳定，起贮藏和避免被氧化分解的作用。在有关酶的作用下，非结合态与结合态细胞分裂素之间可以互变，植物可以在一定程度上，以形成不同程度结合态的方式来调节植物体内细胞分裂素的水平。

（三）细胞分裂素的代谢

细胞分裂素的生物合成有两条途径：一是 tRNA 的分解，二是从头合成。细胞分裂素生物合成的 tRNA 分解途径，是基于细胞分裂素本身就是 tRNA 的组成成分这一认识的，最初认为 tRNA 分解作为细胞分裂素合成的一种可能途径。后来发现玉米种子 tRNA 含有顺式玉米素，而游离玉米素则是反式的，这使人们怀疑细胞分裂素与 tRNA 的关系，但 Mok 等（2001）发现 tRNA 分解释放出的顺式玉米素可在玉米素顺反异构酶（zeatin cis-trans-isomerase）的催化下，转化成高活性的反式玉米素。然而 tRNA 的代谢速率很低，对于形成植物体内大量的细胞分裂素是不够的，这说明细胞分裂素生物合成的 tRNA 分解途径是次要的。

越来越多的证据表明，细胞分裂素生物合成是以从头合成为主要途径的（见图 1-13）。美籍华人陈政茂（1982）用烟草组织培养发现，细胞分裂素生物合成的前体是甲羟戊酸（甲瓦龙酸）。Taya（1978）、Akiyoshi（1984）等分别在对黏菌、根癌农杆菌的研究证明 iPT 酶（异戊烯基转移酶）可催化腺苷酸（AMP）和二甲基丙烯基二磷酸（DMAPP）转化成有活性的细胞分裂素异戊烯基腺苷-5'-磷酸（iPMP）。Takei 等（2001）和 Kakimoto 研究小组（2001）从拟南芥中鉴定出 9 个 iPT 同系物，其中 7 个基因是编码细胞分裂素生物合成的基因。

细胞分裂素的分解，可在细胞分裂素氧化酶（cytokinin oxidase，CKX）的作用下，以分子氧为氧化剂，催化细胞分裂素 6 位氮相连的不饱和侧链裂解，使其彻底丧失活性，此反应不可逆。人们已在多种植物中发现了细胞分裂素氧化酶的存在，分析认为细胞分裂素氧化酶可能对细胞分裂素起钝化作用，防止细胞分裂素积累过多从而产生毒害。

（四）细胞分裂素的生理效应

1. 促进细胞分裂和扩大

细胞分裂素的主要生理作用是促进细胞分裂。例如，将胡萝卜根的韧皮部薄壁细胞放在含有全部营养物质、维生素以及其他生长物质而无细胞分裂素的培养基中，细胞极少分裂，生长很少。但是，当培养基中加入细胞分裂素后，细胞就进行分裂，并形成愈伤组织。

细胞分裂素不仅促进细胞分裂，也诱导细胞体积横向扩大（与 IAA 促进细胞纵向伸长不同）。例如，细胞分裂素可使萝卜子叶面积明显加大，但不增加干重。这可作为细胞分裂素生物鉴定的一种方法。

2. 诱导芽的分化

Skoog 等在烟草茎髓愈伤组织的培养中发现，愈伤组织产生根或产生芽，取决于 IAA 和激动素浓度的比值。当激动素/生长素的比值低时，诱导根的分化；两者比值处于中间水平时，愈伤组织只生长而不分化；两者比值高时，则诱导芽的分化。

3. 延迟衰老

人们用催化 CTK 合成的根癌农杆菌中的异戊烯基转移酶基因转化烟草，得到了“永不衰老”的烟草植株，表明 CTK 对衰老的调控作用。

延迟叶片衰老是细胞分裂素特有的作用。离体叶片会逐渐衰老变黄。若在离体烟草叶片上局部涂以激动素溶液，几天之后未用激动素处理的部位变黄，而用激动素处理的部分仍保持绿色。原因是：① 细胞分裂素抑制核酸酶和蛋白酶等的活性，延缓核酸、蛋白质和叶绿素降解；② 细胞分裂素能“吸引”营养物质向细胞分裂素所在的部位移动。

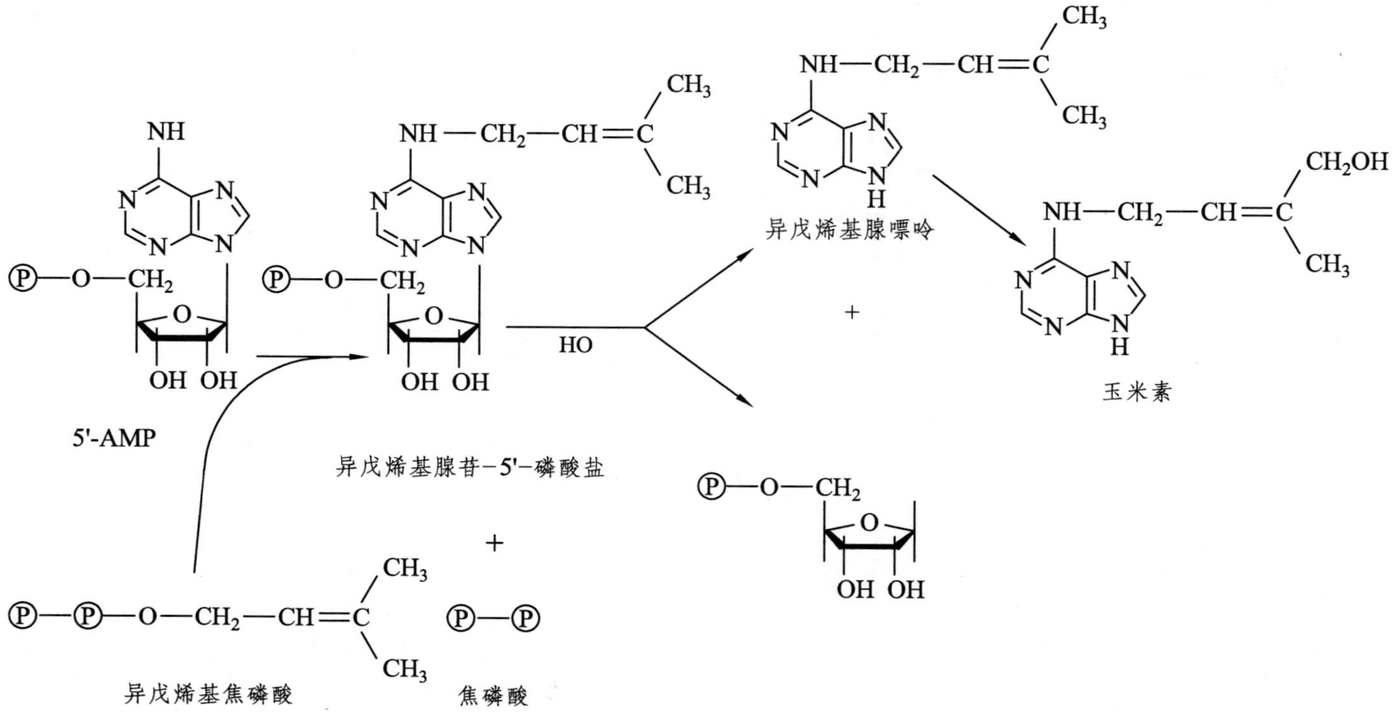

5'-AMP

异戊烯基焦磷酸

异戊烯基腺苷−5'−磷酸盐

焦磷酸

HO

异戊烯基腺嘌呤

玉米素

图 1-13　细胞分裂素的从头生物合成途径

此外，细胞分裂素还可以促进侧芽发育，解除顶端优势，刺激块茎的形成，延长蔬菜（如芹菜、甘蓝）的贮藏时间，防止果树生理落果等。

（五）细胞分裂素的作用机理

1. 细胞分裂素受体

在拟南芥中，首先是作为细胞分裂素受体的组氨酸激酶（AHKs）与细胞分裂素结合后自磷酸化，并将磷酸基团由激酶区的组氨酸转移至信号接收区的天冬氨酸，天冬氨酸上的磷酸基团被传递到胞质中的磷酸转运蛋白（AHPs），磷酸化的 AHPs 进入细胞核并将磷酸基团转移到 A 型和 B 型反应调节因子（ARRs）上，进而调节下游的细胞分裂素反应。

目前在拟南芥中发现有三种组氨酸激酶是细胞分裂素的受体，分别为 AHK2、AHK3 和 CRE1。

CRE1 是定位于质膜上的双组分蛋白，在膜外侧是细胞分裂素的结合域，膜内侧是具有组氨酸蛋白激酶活性的活性域。CRE1 与 AHK2、AHK3 不同，除具有激酶活性外，还同时具有磷酸酶的活性，可以将磷酸基团从磷酸化的 AHPs 上转移回 CRE1 的天冬氨酸上，因而细胞分裂素介导的磷酸基团传递是一个可逆磷酸化过程。

2. 细胞分裂素调节基因转录和翻译

研究表明，细胞分裂素有促进转录的作用，激动素能与豌豆芽染色质结合，调节基因活性，促进 RNA 合成；6-BA 加入到大麦叶染色体的转录系统中，增加了 RNA 聚合酶的活性。

细胞分裂素能促进蛋白质的生物合成，因为细胞分裂素存在于核糖体上，它促进核糖体与 mRNA 结合，形成多核糖体，加快翻译速度，形成新的蛋白质；细胞分裂素还能改变合成蛋白质的种类。给培养的大豆细胞饲喂 ^{35}S 标记的蛋氨酸，细胞分裂素增加了一些蛋白质的合成，而抑制了另一些蛋白质的合成。试验证明，细胞分裂素可以诱导硝酸还原酶的合成。

多种细胞分裂素是植物 tRNA 的组成成分，占 tRNA 结构中约 30 个碱基的小部分。这些细胞分裂素成分都在 tRNA 反密码子的 3′末端的临近位置，因此，细胞分裂素有可能通过它在 tRNA 上的功能，在翻译水平发挥调节作用，由此控制特殊性蛋白质合成来发挥作用。由于玉米种子 tRNA 含有顺式玉米素，而游离玉米素则是反式的，这使人们怀疑细胞分裂素与 tRNA 的关系，现已从菜豆种子中分离出玉米素顺反异构酶，这暗示细胞分裂素和 tRNA 之间可能确实存在某种关系。

3. 细胞分裂素与钙

细胞分裂素的作用与钙密切相关，在多种依赖细胞分裂素的生理试验中，钙与细胞分裂素表现出相似的或相互增强的效果，如延缓玉米叶片老化、扩大苍耳子叶面积等。另外，多项研究证实，细胞分裂素与钙在分布上具有相关性。一些研究还表明，细胞分裂素还与钙调素活性有关。这些都提示钙可能是细胞分裂素信息传递系统的一部分。

四、脱落酸

（一）脱落酸的发现和性质

1963 年美国的 Addicott 等从未成熟而即将脱落的棉桃中，提取出一种促进棉桃脱落的物质，命名为脱落素Ⅱ（AbscisinⅡ）。几乎同时，英国的 Wareing 等从槭树即将脱落的叶子中提取出一种促进休眠的物质，命名为休眠素（Dormin）。后来证明，脱落素 II 和休眠素是同一种物质。1967 年在加拿大渥太华召开的第六届国际生长物质会议上统一命名为脱落酸（abscisic acid，ABA）。

ABA 是以异戊二烯为基本单位的倍半萜羧酸（见图 1-14），分子式为 $C_{15}H_{20}O_4$，相对分子量为 264.3。ABA 环 1′位上为不对称碳原子，故有两种旋光异构体。植物体内的天然形式主要为右旋 ABA 即(+)-ABA，又写作(*S*)-ABA。

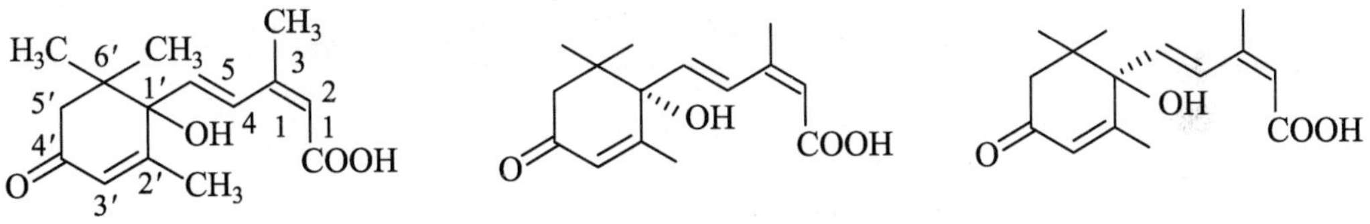

(*R*)-ABA　　(*S*)-ABA

图 1-14　脱落酸的化学结构

（二）脱落酸的分布

高等植物各器官和组织中都有脱落酸，其中以成熟、衰老组织或进入休眠的器官中含量较多，在干旱、水涝、高温、低温、盐渍等逆境条件下，植物体内脱落酸含量会迅速增多。脱落酸含量一般为 10 ~ 50 $ng \cdot g^{-1}$ 鲜重。

（三）脱落酸的代谢

脱落酸合成的主要部位是根冠和萎蔫的叶片，在茎、种子、花和果等器官中也能合成脱落酸。ABA 是弱酸，而叶绿体的基质呈高 pH，所以 ABA 以离子化状态大量积累于叶绿体中。

ABA 在植物体内生物合成的前体物质是甲羟戊酸（MVA）。目前已知 ABA 生物合成的途径主要有两条：类萜途径（Terpenoid Pathway）和类胡萝卜素途径（Carotenoid Pathway）。

类萜途径亦称为 ABA 合成的直接途径，是由甲瓦龙酸（MVA）经过法尼基焦磷酸（Farnesyl Pyrophosphate，FPP），再经过一些未明的过程而形成 ABA：

MVA→MVA-5-焦磷酸→异戊烯基焦磷酸→牻牛儿基牻牛儿基焦磷酸→法尼基焦磷酸→ABA

类胡萝卜素途径又称为ABA合成的间接途径，亦称为C40间接途径。通常认为在高等植物中，ABA的生物合成主要以C40间接途径合成ABA（见图1-15）。

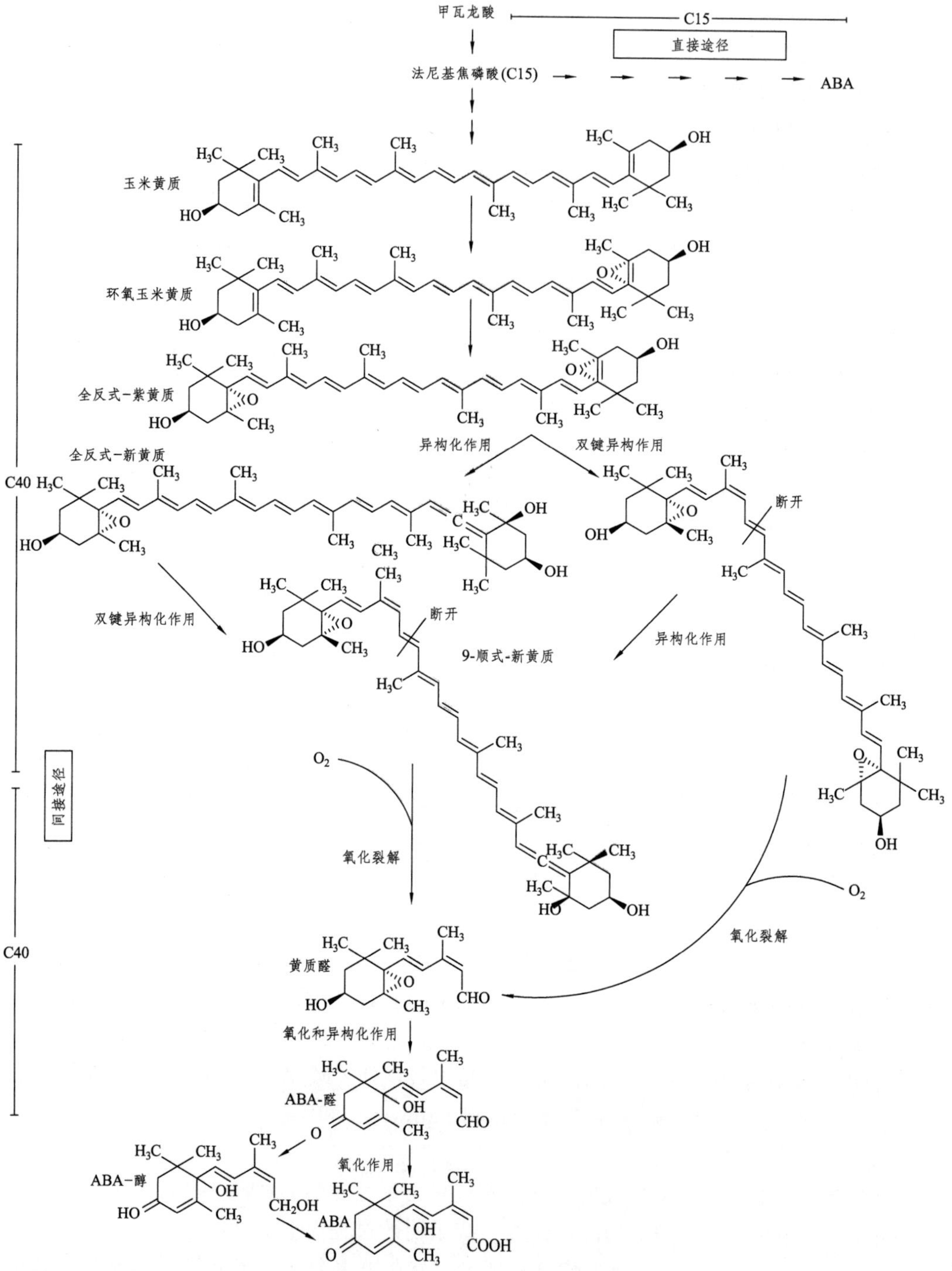

图 1-15 高等植物中生物合成脱落酸的可能途径

C40 间接途径经过聚合、环化、异构化、氧化、裂解等复杂反应，分为三个阶段（Seo，2002）：（1）早期反应：在质体内类胡萝卜素前体胡萝卜素的形成；（2）中期反应：在质体内由形成玉米黄质开始至裂解形成黄质醛（xanthoxin）的过程；（3）晚期反应：在细胞溶胶内黄质醛转变成 ABA。

其他类胡萝卜素如新黄质（neoxanthix）、叶黄素（lutein）等都可光解或在脂氧合酶作用下转变为黄质醛，最终形成脱落酸。

ABA 会被氧化降解，其氧化产物为活性很低的红花菜豆酸（phaseic acid）和无生理活性的二氢红花菜豆酸（dihydrophaseic acid）。

（四）脱落酸的生理效应

1. 促进脱落

叶片衰老和果实成熟时 ABA 含量增加，导致脱落。ABA 能抑制胚在成熟前的早萌即穗上发芽。此外 ABA 促进胚发育后期积累大量蛋白质，即胚发育后期丰富蛋白（late embryogenesis abundants，Lea），其中一部分为种子贮藏蛋白，另一部分与种子发育后期的脱水有关，称为脱水素。

2. 促进休眠

脱落酸是促进树木的芽休眠和抑制萌发的物质。现已证明，脱落酸是在短日照下形成的，而赤霉素是在长日照下形成的。植物的休眠和生长，是由脱落酸和赤霉素这两种激素调节的。在光敏素的作用下，秋季短日照条件下形成较多的脱落酸，促使芽休眠。

3. 提高抗逆性

近年来研究发现，在干旱、水涝、高温、低温、盐渍等逆境条件下，脱落酸含量会迅速增加，调节植物的生理生化变化，以适应逆境，所以脱落酸又称为“应激激素”或“胁迫激素”。最常见的例子是叶片缺水时，叶片中的脱落酸迅速增多，导致气孔关闭，减少水分散失，提高抗旱能力。脱落酸还有增加脯氨酸含量、稳定膜结构等效应。

4. 调节气孔运动

ABA 是植物根系传送“干旱信息”的主要物质。ABA 对气孔运动的调节已经成为人们研究信号感受和信号转导机制的模式系统。拟南芥、番茄等植物的 ABA 缺失型突变体表现出持续的萎蔫，原因是内源 ABA 水平过低，导致叶片的气孔开度过大和水分散失过快而引起的，喷洒外源 ABA 可以使气孔关闭，缓解萎蔫现象。

此外，脱落酸还有抑制生长、促进衰老、促进光合产物向发育着的种子运输等作用。

（五）脱落酸的作用机理

研究表明，植物体内 ABA 不仅存在多种抑制效应，还有多种促进效应。对于不同组织，它可以产生相反的效应，例如，它可促进保卫细胞的胞液 Ca^{2+}水平上升，却诱导糊粉层细胞的胞液 Ca^{2+}水平下降。通常把这些差异归因于各种组织与细胞的 ABA 受体的性质与数量的不同。

1. ABA 结合蛋白与 ABA 受体

ABA 含有 α 与 β 不饱和酮结构，能接受光的刺激而成为高度活跃状态，容易与蛋白质中的氨基酸的氢结合。研究表明，保卫细胞原生质体与具有强生物活性的 2-顺式 ABA 发生专一性结合，这种结合有高亲和性、饱和性、可逆性。叶肉细胞的原生质体对 ABA 的亲和性仅为气孔保卫细胞原生质体的 1/10，提示 ABA 结合蛋白在植物体内分布的专一性。据估计每一细胞原生质体含有 19.5×10^5 个 ABA 结合位置，它们存在于质膜的外表面。

ABA 结合蛋白包含 3 个亚基，其分子量分别为 19 300、20 200、24 300，在高 pH 环境下，ABA 与 20 200 多肽结合；在低 pH 环境下，ABA 与其他两种多肽结合。这种特性与 ABA 在碱性及酸性条件下都能引起气孔关闭的生理作用吻合。这些结果提示气孔保卫细胞内 ABA 结合蛋白具有受体功能。

ABA 及其受体的复合物一方面可通过第二信使系统诱导某些基因的表达；另一方面也可直接改变膜系统的性状，干预某些离子的跨膜运动。

2. ABA 与 Ca^{2+}·CaM 系统的关系

Ca^{2+}是 ABA 诱导气孔关闭过程中的一种第二信使。ABA 促进鸭跖草气孔关闭有赖于可利用 Ca^{2+}的存在。在缺钙条件下，ABA 几乎不抑制气孔开放，而在钙充足的条件下，ABA 能诱导鸭跖草下表皮保卫细胞的胞液游离 Ca^{2+}水平迅速升高，而且这种升高现象出现在气孔关闭之前。

通过 ABA 对大麦糊粉层细胞原生质胞液 Ca^{2+}浓度的研究表明，经 200 $\mu mol \cdot L^{-1}$ ABA 处理，在 5 s 内胞液 Ca^{2+}浓度可从静息态的 200 $\mu mol \cdot L^{-1}$ 左右降至 50 $\mu mol \cdot L^{-1}$ 左右，Ca^{2+}浓度的下降值与外源 ABA 之间存在良好的线性关系。

3. ABA 调控基因的表达

当植物受到渗透胁迫时，其体内的 ABA 水平会急剧上升，同时出现若干个特殊基因的表达产物。即使植物体并未受到干旱、盐渍或寒冷引起的渗透胁迫，外源 ABA 也会诱导这些基因的表达。近几年来，人们已从水稻、棉花、小麦、马铃薯、番茄、烟草等植物中分离出 10 多种受 ABA 诱导而表达的基因。

ABA 可改变某些酶的活性，如 ABA 能抑制大麦糊粉层中 α-淀粉酶的合成，与 RNA 合成抑制剂——放线菌 D 的抑制情况相似。有人认为 ABA 阻碍了 RNA 聚合酶的活性，致使 DNA 到 RNA 的转录不能进行。ABA 能抑制白蜡树种子胚 tRNA、rRNA 和 mRNA 的合成。

4. ABA 影响生物膜的性质

一些研究表明，ABA 能影响细胞质膜、液泡膜等生物膜的性质，从而影响离子的跨膜运动。如 ABA 使保卫细胞的 K^+与 Cl^-外渗量急剧上升，从而在短时间内使其渗透物质减少，水势上升，引起气孔关闭。

5. 脱落酸调节气孔运动的信号转导途径

脱落酸调节气孔运动有两条途径：一条是活性氧（ROS）途径，另一条为三磷酸肌醇（IP_3）-环化 ADP 核糖（cAD-PR）途径。两条信号转导途径的共同点是脱落酸与保卫细胞质膜上的受体结合后，诱导细胞内产生第二信使，激活钙离子通道，使细胞质的钙离子浓度提高，从而促进质膜上外向的氯（Cl^-）通道和钾（K^+）通道打开，让 K^+和 Cl^-向细胞外释放，导致保卫细胞失水而气孔关闭。两条信号转导途径的不同点是诱导的第二信使不同，活性氧途径是以过氧化氢、超氧阴离子等活性氧作为第二信使；三磷酸肌醇-环化 ADP 核糖（IPs-cAD PR）途径则是以三磷酸肌醇、环化 ADP 核糖等作为第二信使。

除脱落酸外，光、二氧化碳浓度等也显著影响气孔开闭，说明保卫细胞中有多种受体和信号转导组分参与气孔运动反应，涉及气孔运动的信号转导途径可能是重叠交叉的。在脱落酸信号转导过程中有丝分裂原活化蛋白激酶（MAPK）与活性氧（ROS）的交互作用起关键作用，脱落酸诱导产生活性氧，活性氧激活有丝分裂原活化蛋白激酶，而激活的有丝分裂原活化蛋白激酶进一步诱导抗氧化基因的表达和抗氧化酶的激活，有丝分裂原活化蛋白激酶激活的同时还促进过氧化氢（H_2O_2）的产生，形成正反馈途径。

五、乙烯

（一）乙烯的发现

乙烯（ethylene，ETH）是简单的不饱和碳氢化合物。很久以前，我国果农就知道在室内燃烧一炷香能使采摘的果实加速成熟，煤气、煤油炉气体等有促使果实成熟的作用，它们都含有乙烯。英国 Gane（1934）首先证明乙烯是植物的天然产物。后来，由于气相色谱技术的应用，大大推动了乙烯的研究，从而发现乙烯具有内源激素的一切特性。1966 年正式确定乙烯是一种植物激素。乙烯在极低浓度（$0.01 \sim 0.1\ \mu L \cdot L^{-1}$）时就对植物产生生理效应。

（二）乙烯生物合成和分布

1977 年，美国科学家 Adams 和杨祥发以 ^{14}C-蛋氨酸饲喂苹果组织，发现新形成的乙烯含有 ^{14}C。许多实验都证明，大多数植物以蛋氨酸为乙烯合成的前体。蛋氨酸转变为 S-腺苷蛋氨酸（SAM），催化 SAM 成为 1-氨基环丙烷-1-羧酸（ACC）的是 ACC 合成酶，ACC 在有氧条件下和乙烯合成酶的催化下，形成乙烯（见图 1-16）。

在乙烯生物合成过程中，ACC 合成是限速步骤，ACC 合成酶是关键酶。人们已通过反义 RNA 技术，抑制番茄 ACC 合成酶基因的表达，阻止乙烯的形成，生产出耐贮藏的番茄果实。IAA 和细胞分裂素可在转录水平上促进 ACC 合成酶的合成，从而影响乙烯的生成速率。

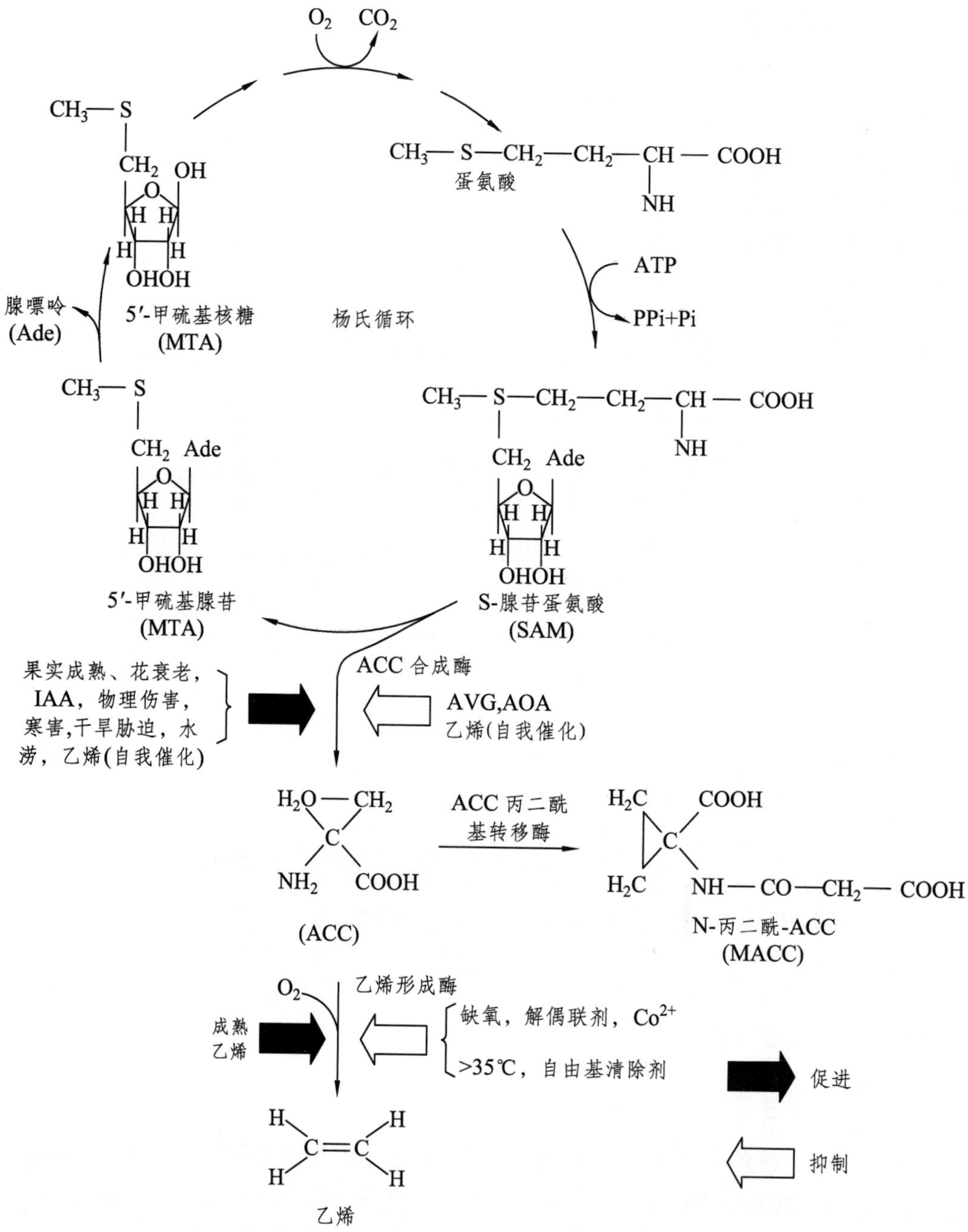

图 1-16　乙烯生物合成及其影响因素

种子植物、蕨类、苔藓、真菌和细菌都可产生乙烯。乙烯广泛地存在于植物的各种器官，其中正在成熟的果实和即将脱落的器官含量较高。逆境条件，例如，干旱、水涝、低温、缺氧、机械损伤等均可诱导乙烯的合成，称之为逆境乙烯。

（三）乙烯的生理效应

1. 改变生长习性

将黄化豌豆幼苗放在微量乙烯气体中，其上胚轴表现出“三重反应”：一是抑制茎的伸长生长；二是促进上胚轴的横向加粗；三是上胚轴失去负向地性而横向生长。这是乙烯所特有的反应，可用于乙烯的生物鉴定。如果把番茄植株放在含有乙烯的环境中，数小时后由于叶柄上方比下方生长快，叶柄即向下弯曲成水平方向，严重时叶柄下垂，这个现象叫叶柄的偏上性（见图 1-17）。

图 1-17　乙烯的某些生理效应

2. 促进果实成熟

果实长到一定大小时乙烯生物合成加速，促进果实成熟。乙烯促进果实成熟的原因可能是：增强质膜透性，提高水解酶活性，加速呼吸氧化分解，果肉有机物急剧变化，最后达到可食程度。

3. 促进脱落和衰老

乙烯的一个主要功能是对花衰老的调控，例如，康乃馨花衰老时产生大量的乙烯。施用乙烯利可促进花的凋谢，而施用乙烯合成抑制剂可明显延缓衰老。乙烯可促进多种植物落叶落果。叶片脱落过程中，乙烯促进离层中纤维素酶和果胶酶形成，引起细胞壁分解。

4. 促进开花和雌花分化

乙烯能促进菠萝开花，使其花期一致。与 IAA 一样，乙烯也可以诱导黄瓜雌花分化。

此外，乙烯还有促进次生物质排出、打破顶端优势、促进向日葵产生不定根等生理作用。

随着乙烯释放剂（乙烯利）、吸收剂（$KMnO_4$等）和作用颉抗剂（$AgNO_3$、硫代硫酸银等）的发展与应用，乙烯已在农业生产、植物发育以及果实、花卉的贮藏等方面发挥着重要作用。

（四）乙烯的作用机理

1. 乙烯的受体

通过对拟南芥乙烯不敏感突变体（etrl）的研究，人们发现质膜与内质网膜上的 ETRl 蛋白具有与乙烯可逆结合的能力，是乙烯受体（ethylene receptor）。它由乙烯的结合域和丝氨酸/苏氨酸蛋白激酶的活性域两部分组成。乙烯与受体结合后通过一系列的信号转导，最后引起细胞核的基因表达。

至今在拟南芥中发现 5 个乙烯受体，分别是 ETRl、ETR2、EIN4、ERS1 和 ERS2。

根据乙烯受体传感蛋白结构的相似性，受体蛋白可以进一步分为两个亚家族：ETR1 亚家族和 ETR2 亚家族，前者包括 ETR1 和 ERS1，后者包括 ETR2、EIN4 和 ERS2。这些受体都是跨膜蛋白，发挥着不同的作用。

Cu^{2+}是受体感受乙烯信号的协同因子，乙烯与受体结合时需要 Cu^{2+}到受体上，协助乙烯与受体结合。

2. 乙烯与信号转导

下面以乙烯受体 ETRl 为例说明乙烯的信号转导途径（见图 1-18）。乙烯通过与内质网上的受体 ETRl 结合之后，使对乙烯响应途径有阻遏作用的 CTR1 钝化，从而激活了下游的 MAPK（mitogen-activated protein kinase）级联途径。CTR1（constitutive triple response 1）是 RAF（rerine/threonine kinase）家族 MAPKKK（MAPK kinase kinase）的同系物，是乙烯信号转导途径的一个中心组分，在下游充当负调节元件。CTR1 的失活，使得 EIN2（乙烯不敏感 2，ethylene insensitive 2）基因得以活化，EIN2 基因编码的蛋白质有 12 个跨膜区，具有通道的作用。EIN2 继而将信号传递到细胞核中，激活转录因子 EIN3。EIN3 是一个转录因子的家族，拟南芥中有四个成员。EIN3 二聚体与乙烯响应因子（ethylene response factor，ERF1）的启动子结合并诱导 ERF1 的表达，随后又调控其他乙烯响应基因组的表达而引起细胞反应。

3. 乙烯与基因表达和膜透性提高

乙烯诱导的基因包括纤维素酶、几丁质酶、β-1,3-葡聚糖酶、过氧化物酶、许多病程相关蛋白以及许多与成熟相关蛋白的编码基因，另外，乙烯甚至促进与自身生物合成有关的许多酶的基因表达。

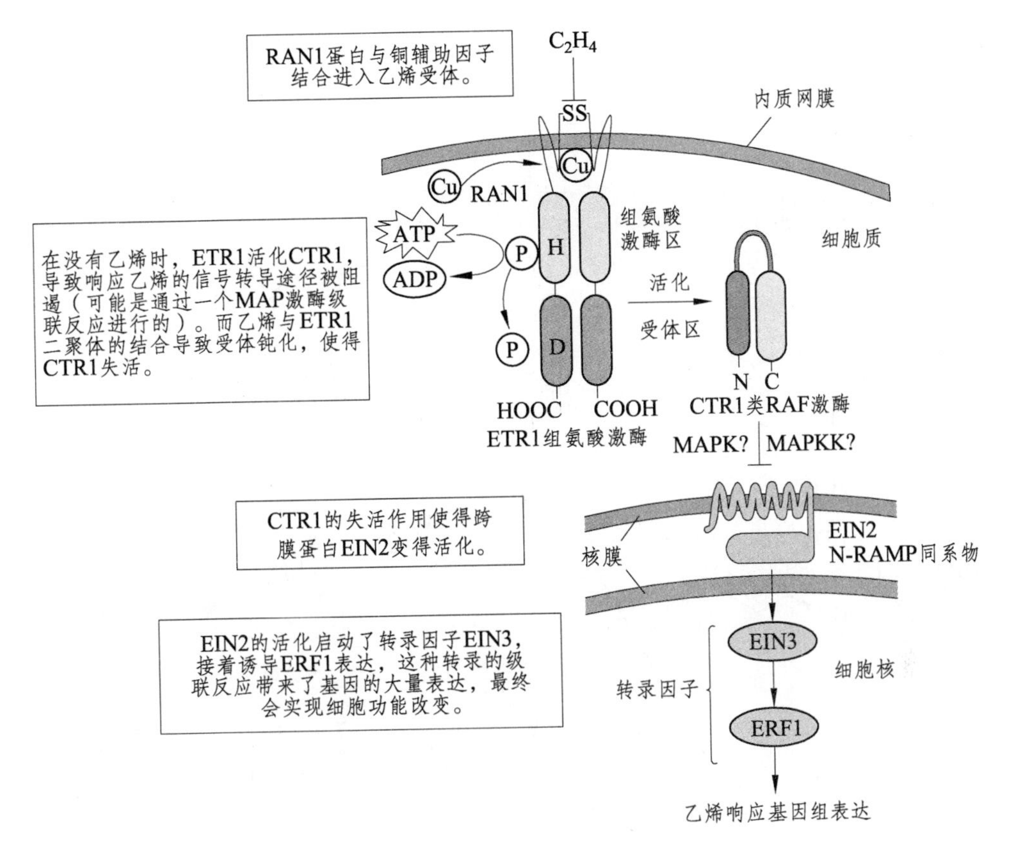

图 1-18　拟南芥乙烯信号转导模式

黄化大豆幼苗经乙烯处理后，能促进染色质的转录作用，使 RNA 水平大增；乙烯促进鳄梨和番茄等果实纤维素酶和多聚半乳糖醛酸酶的 mRNA 增多，随后酶活性增加，水解纤维素和果胶，果实变软、成熟。

由于乙烯能提高很多酶，如过氧化物酶、纤维素酶、果胶酶和磷酸酯酶等的含量及活性，因此，乙烯可能在翻译水平上起作用。但乙烯对某些生理过程的调节作用发生得很快，如乙烯处理可在 5 min 内改变植株的生长速度，这就难以用促进蛋白质的合成来解释了。因此，有人认为乙烯的作用机理与 IAA 相似，其短期快速效应是对膜透性的影响，而长期效应则是对核酸和蛋白质代谢的调节。

六、油菜素甾醇

（一）油菜素甾醇的发现、种类及分布

1970 年，美国的 Mitchell 研究小组从油菜花粉中分离出一种物质，对菜豆幼苗生长有强烈促进作用。1979 年，Grove 等用 227 kg 油菜花粉，得到 10 mg 的高活性结晶，它是甾醇内酯化合物，定名为油菜素内酯（Brassinolide，简称 BR_1），分子式为 $C_{28}H_{48}O_6$，结构式如图 1-19 所示。此后油菜素内酯及多种结构相似的化合物纷纷从多种植物中被

分离鉴定，这些以甾醇为基本结构的具有生物活性的天然产物统称为油菜素甾体类化合物（brassinosteroide，BR，BRs）。

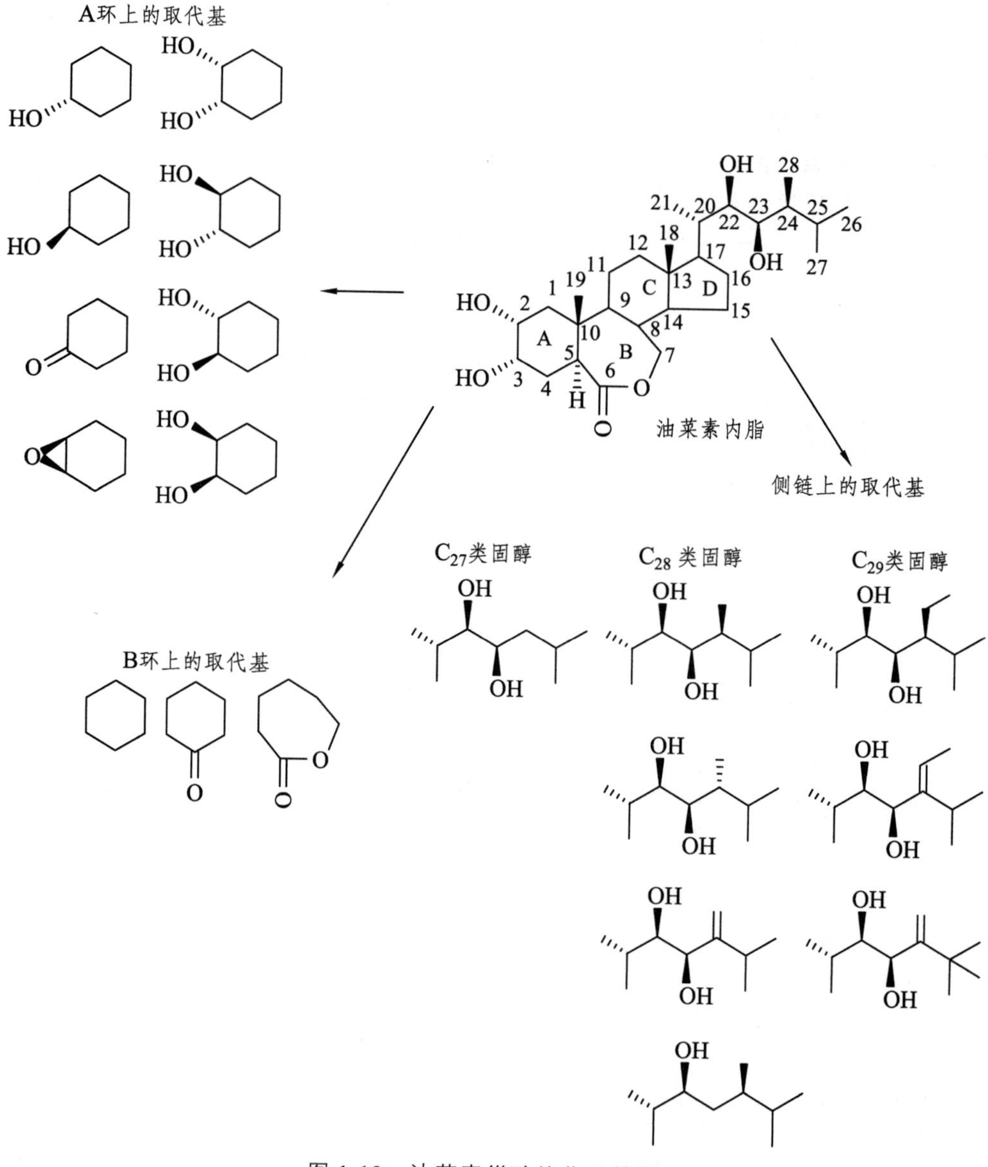

图 1-19　油菜素甾醇的化学结构

植物体内普遍存在着一大类以甾类化合物为骨架的具生理活性的天然甾体类。目前，人们已经从植物中分离得到 40 多种油菜素甾体类化合物，分别表示为 BR_1、BR_2……BR_n。

BR 在植物界中普遍存在，在植物体内各部分都有分布，但不同组织中含量不同，通常花粉和种子中为 1 ~ 1 000 $ng\cdot kg^{-1}$，枝条中为 1 ~ 100 $ng\cdot kg^{-1}$，果实和叶片中为 1 ~ 10 $ng\cdot kg^{-1}$。BR 在植物体内含量极少，但生理活性很强。

1998 年，第十六届国际植物生长物质年会正式将油菜素甾醇列为植物的第六类激素。

（二）油菜素甾醇的生物合成

油菜素甾醇生物合成的前体与赤霉素和脱落酸相同，均先是由甲瓦龙酸（MVA）转化为异戊烯基焦磷酸，再合成法尼基焦磷酸。油菜素甾醇途径是经一系列反应形成菜油甾醇（campesterol），再经过多个反应，最后经栗甾酮（castasterone），生成油菜素内酯（见图 1-20）。催化从菜油甾醇到油菜素内酯代谢途径中的多个反应酶的基因已经得到克隆。油菜素甾醇的生物合成具有反馈调节的性质，因此植物体内的油菜素甾醇水平会通过这种反馈调节机制来维持植物体内油菜素甾醇的内稳态。

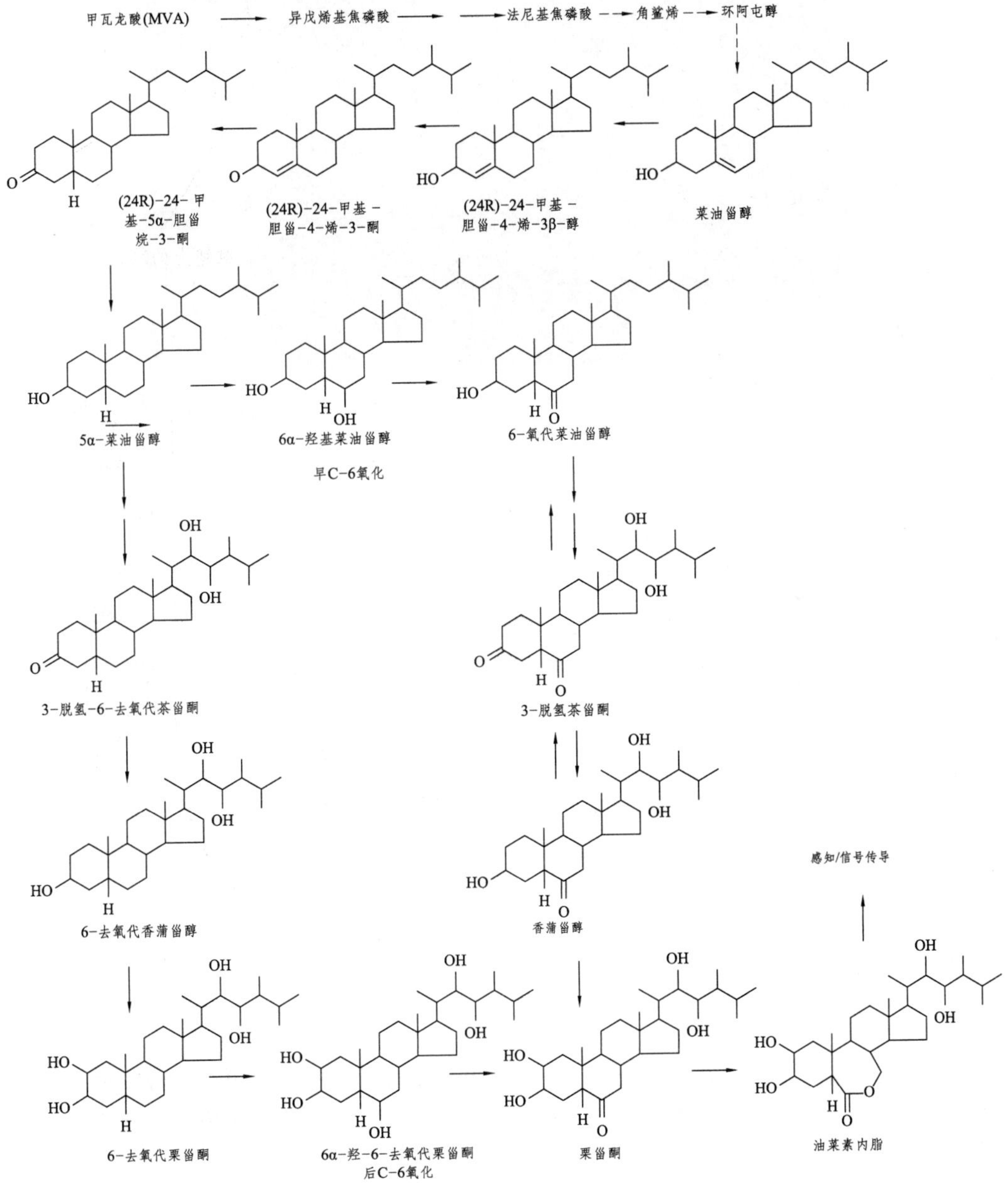

图 1-20　油菜素甾醇的生物合成途径

（三）油菜素甾醇的生理效应

1. 促进细胞伸长和分裂

用 10 ng·L^{-1} 的油菜素内酯处理菜豆幼苗第二节间，便可引起该节间显著伸长弯曲，细胞分裂加快，节间膨大甚至开裂，这一综合反应被用作油菜素内酯的生物鉴定法（见图 1-21）。

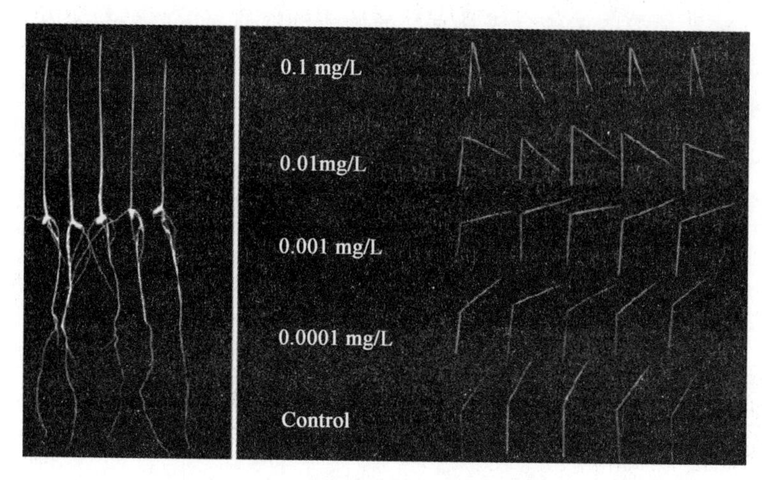

图 1-21　油菜素内酯的生物鉴定法

完整无损的水稻黄化苗，用来获得离体叶片（见图 1-21 左）和油菜素内酯浓度的升高对水稻叶片倾斜度生物检测实验的影响（见图 1-21 右）。油菜素内酯和其他 BR 可以诱导叶片和叶鞘之间节的近轴细胞的剂量依赖性膨胀。这种生物检测很敏感，可以用来研究 BR 结构-活性关系，也可以用来筛选蒸馏过的植物提取物以获得 BR 活性。

BR_1 促进细胞的分裂和伸长，其原因是增强了 RNA 聚合酶活性，促进了核酸和蛋白质的合成；BR_1 还可增强 ATP 酶活性，促进质膜分泌 H^+ 到细胞壁，使细胞生长。

2. 促进光合作用

BR 对植物光合作用的调节途径主要有：一是促进小麦等植物叶片的 RuBP 羧化酶的活性，从而提高光合速率；二是促进同化组织发育，提高叶绿素含量，增强 CO_2 的同化能力；三是调节源-库关系，促进同化产物的运输与再分配；四是解除光对生长的抑制作用。

BR_1 处理花生幼苗后 9 d，叶绿素含量比对照高 10%～12%，光合速率加快 15%。用 $14CO_2$ 示踪试验，表明 BR_1 处理有促进叶片中光合产物向穗部运输的作用。

3. 提高抗逆性

水稻幼苗在低温阴雨条件下生长，若用 10^{-4} mg·L^{-1} BR_1 溶液浸根 24 h，则株高、叶数、叶面积、分蘖数、根数都比对照高，且幼苗成活率高，地上部干重显著增多。BR_1 也可使水稻、茄子、黄瓜幼苗等抗低温能力增强。

除此之外，植物在干旱、病害、盐害、除草剂、药害等逆境下，BR 处理后具有稳定生物膜的作用，能活化超氧化物歧化酶（SOD）和过氧化物酶（POD），消除活性氧对膜脂的破坏作用，维持植物正常的代谢活动，从而提高抗逆性，因此有人将其称为“逆境缓和激素”。

（四）油菜素甾醇的作用机制

1. 油菜素甾醇的信号转导模式

近年根据对拟南芥的油菜素内酯不敏感突变体的研究推断，基因 *BRI*1 编码富含 Leu 重复序列（LRR）的受体类似激酶（RLK），存在于质膜上的 *BRI*1 蛋白质极有可能是油菜素内酯的受体。*BRI*1 的结构特点是：细胞外是 LRR 结构域，可能是抗原结合部位；细胞内为激酶结构域，可能起将胞外信号传递到胞内靶细胞器的作用。

结合目前已有的研究结果，油菜素甾醇信号转导的途径是：当细胞中油菜素甾醇的浓度高时，油菜素甾醇分子结合 *BRI*1 的胞外域亮氨酸重复序列，诱导与 *BRI*1 结合的抑制子 *BKI*1 解离，并促进 *BRI*1 和 *BAK*1 相互作用形成异源二聚体，激活受体激酶活性。通过 *BRI*1 和 *BAK*1 之间的相互磷酸化，*BRI*1 被完全激活并且磷酸化激酶 *BSK*（BR-signaling kinase）；磷酸化的 *BSK* 从整个受体复合体上脱离下来与 *BSU*1 结合，激活后的 *BSU*1 通过去磷酸化 *BIN*2 来抑制 *BIN*2 的活性，使后者不能磷酸化 *BZR*1 和 *BES*1，非磷酸化状态的 *BZR*1 和 *BES*1 在细胞核中与其他转录因子结合到油菜素甾醇诱导基因的启动子上，激活油菜素甾醇诱导基因的表达。非磷酸化状态的 *BZR*1 和 *BES*1 也可结合到油菜素甾醇合成酶基因的启动子上，抑制油菜素甾醇合成酶基因的表达，从而降低油菜素甾醇的水平。当细胞中缺乏油菜素甾醇时，*BKI*1 与 *BRI*1 相互作用，阻止 *BRI*1 和 *BAK*1 的结合，从而抑制 *BRI*1 的活性；而与 *BRI*1 结合的 *BSK* 及下游的 *BSU*1 也处于非活性状态，此时 *BIN*2 被激活，磷酸化 *BZR*1 和 *BES*1。磷酸化的 *BZR*1 和 *BES*1 被泛素-蛋白酶体系统降解，使油菜素甾醇诱导基因不能表达，同时失去对油菜素甾醇合成酶基因表达的抑制，使油菜素甾醇水平提高。

2. 油菜素内酯与基因表达

油菜素内酯主要从翻译和转录两个水平对相关基因的表达进行调节。有人用差异杂交法从豌豆苗中鉴定出一种油菜素内酯的上调基因（*BRU*1），该基因是与细胞伸长密切相关的一种酶，即木葡聚糖内转化糖基化酶（XET）。*BRU*1 转录物的表达水平与油菜素内酯所引起的茎的伸长相关。在拟南芥中也发现了受油菜素内酯调节的 XET，由 *TCH*4 基因编码。研究还证明，油菜素内酯在 *BRU*1 翻译水平、在 *TCH*4 转录水平分别进行调控。

曼德瓦（Mandava，1987）早就发现 RNA 及蛋白质合成抑制剂对 BR 的促进生长作用有影响，其中以放线菌素 D 及亚胺环己酮最显著。多种试验均表明 BR 可能通过影响转录和翻译进而调节植物生长。他还用 RNA 合成抑制剂放线菌素 D 和蛋白合成抑制剂环己亚胺等检测 BRs 诱导的上胚轴生长作用，表明 BRs 诱导生长的生长效应依赖于核酸和蛋白质合成。

油菜素内酯可能参与了组织生长过程的转录和复制，从而促进 RNA 聚合酶活性，降低 RNA、DNA 水解酶活性，造成 RNA 和 DNA 的累积，促进组织的生长。

3. 油菜素内酯与“酸生长理论”

油菜素内酯对红小豆上胚轴节段和玉米根尖切段生长的促进和 IAA 类似，是同 H^+ 分泌的增加和转移膜电位的早期过极化联系在一起的。也即共同遵循“酸生长”的理论：通过促进膜质子泵对 H^+的泵出，导致自由空间的酸化，使细胞壁松弛，进而促进生长。

但 BR 与 IAA 在其最适浓度下同时使用具有明显的加成效果，又表明它们在最初的作用方式上是有区别的。如 BR 促进小麦胚芽鞘伸长的生理活性大于 IAA。但在高浓度的促进作用不如 IAA 明显。BR 和 IAA 混合处理对芽鞘切段的伸长、乙烯释放和 H^+ 分泌都表现了加成作用。BR 也对 ABA 抑制小麦胚芽鞘切段伸长有颉抗作用。

第三节　其他内源植物生长物质

一、茉莉酸类

（一）茉莉酸的代谢和分布

茉莉酸类（jasmonates，JAs）是广泛存在于植物体内的一类化合物，现已发现了 30 多种。茉莉酸（jasmonic acid，A）和茉莉酸甲酯（methyl jasmonate，JA-Me）是其中最重要的代表（见图 1-22）。

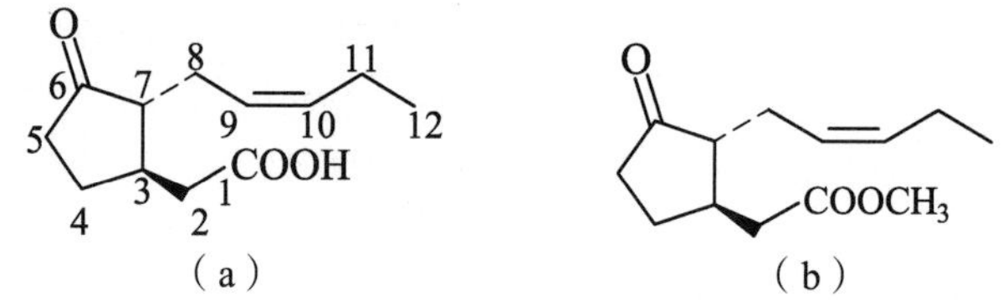

图 1-22　茉莉酸（a）和茉莉酸甲酯（b）的化学结构

游离的茉莉酸首先是从真菌培养滤液中分离出来的，后来发现许多高等植物中都含有 JA。而 JA-Me 则是 1962 年从茉莉属的素馨花中分离出来作为香精油的有气味化合物。

茉莉酸的化学名称是 3-氧-2-（2′-戊烯基）-环戊烷乙酸，其生物合成前体来自膜脂中的亚麻酸，目前认为 JA 的合成既可在细胞质中，也可在叶绿体中（见图 1-23）。亚麻酸经脂氧合酶催化加氧作用产生脂肪酸过氧化氢物，再经过氧化氢物环化酶的作用转变为 18 碳的环脂肪酸，最后经还原及多次 β-氧化而形成 JA。

（二）茉莉酸类的生理效应

茉莉酸类物质的生理效应非常广泛，包括促进、抑制、诱导等多个方面。JAs 可引起多种生理效应，很多效应与 ABA 的效应相似，但也有独特之处。

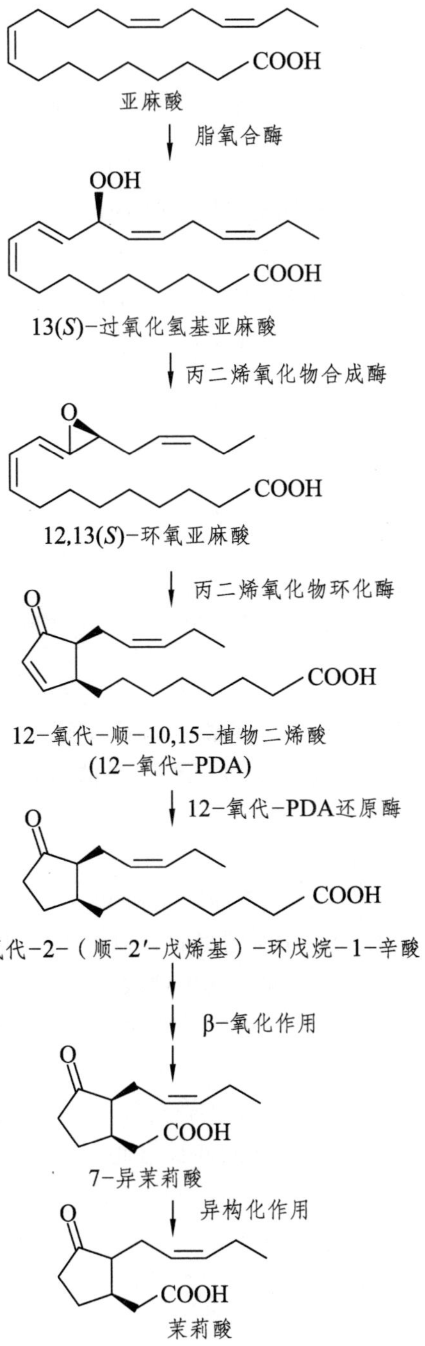

COOH
亚麻酸
脂氧合酶
OOH
COOH
13(*S*)-过氧化氢基亚麻酸
丙二烯氧化物合成酶
O
COOH
12,13(*S*)-环氧亚麻酸
丙二烯氧化物环化酶
O
COOH
12-氧代-顺-10,15-植物二烯酸
(12-氧代-PDA)
12-氧代-PDA还原酶
O
COOH
3-氧代-2-（顺-2′-戊烯基）-环戊烷-1-辛酸
β-氧化作用
O
COOH
7-异茉莉酸
异构化作用
O
COOH
茉莉酸

图 1-23　茉莉酸的生物合成

1. 抑制生长和萌发

JA 能显著抑制水稻幼苗第二叶鞘长度、莴苣幼苗下胚轴和根的生长以及 GA3 对它们伸长的诱导作用；JA-Me 可抑制珍珠稗幼苗的生长、离体黄瓜子叶鲜重和叶绿素的形成以及大豆愈伤组织的生长。

用 10 μg/L 和 100 μg/L 的 JA 处理莴苣种子，45 h 后萌发率分别只有对照的 86%和 63%。在花粉培养基中外加 JA，则能强烈抑制茶花粉的萌发。

2. 促进生根

JA-Me 能显著促进绿豆下胚轴插条生根，使用 10^{-8} ~ 10^{-5} mol/L 的 JA-Me 处理对不定根数目无明显影响，但可增加不定根干重（10^{-5} mol/L JA-Me 处理的根重比对照增加 1 倍）；使用 10^{-4} ~ 10^{-3} mol/L 的 JA-Me 处理则显著增加不定根数（10^{-3} mol/L JA-Me 处理的根数比对照增加 2.75 倍），但根干重未见增加。

3. 促进衰老

高浓度乙烯利处理后，JA-Me 能促进豇豆叶片离层的产生。JA-Me 还可使郁金香叶的叶绿素迅速降解，叶黄化，叶形改变，加快衰老进程。这可能是与 JA 诱导乙烯的生物合成有关。

4. 抑制花芽分化

烟草培养基中加入 JA 或 JA-Me 可抑制外植体花芽形成。

5. 提高抗性

经 JA-Me 预处理的花生幼苗，在渗透逆境下，植物电导率减少，干旱对其质膜的伤害程度变小。JA-Me 预处理也能提高水稻幼苗对低温（5 ~ 7 °C，3 d）和高温（46 °C，24 h）的抵抗能力。

此外，JA 是机械刺激（包括昆虫咬食）的有效信号分子，能诱导蛋白酶抑制剂的产生和攀援植物卷须的盘曲反应；还能抑制光和 IAA 诱导的含羞草小叶的运动，抑制红花菜豆培养细胞和根端切段对 ABA 的吸收；以及诱导气孔关闭。

茉莉酸与脱落酸结构有相似之处，其生理效应也有许多相似的地方，例如抑制生长、抑制种子和花粉萌发、促进器官衰老和脱落、诱导气孔关闭、促进乙烯产生、抑制含羞草叶片运动、提高抗逆性，等等。

但是，JA 与 ABA 也有不同之处，例如在莴苣种子萌发的生物测定中，JA 不如 ABA 活力高，JA 不抑制 IAA 诱导燕麦芽鞘的伸长弯曲，不抑制含羞草叶片的蒸腾。

二、水杨酸

（一）水杨酸的发现、分布与代谢

1763 年英国的 E. Stone 发现柳树皮有很强的收敛作用，可以治疗疟疾和发烧，后来发现这是柳树皮中含有的大量水杨酸糖苷在起作用，这导致了后来药物阿司匹林（aspirin）的问世和大量应用，阿司匹林即乙酰水杨酸（acetylsalicylic acid），如图 1-24（b）所示，在生物体内可转化为水杨酸（salicylic acid，SA），如图 1-24（a）所示。20 世纪 60 年代以后，人们开始发现 SA 在植物中的重要生理作用。

SA 在植物体的分布一般以产热植物的花序较多，如天南星科的一种植物花序含量达每克鲜重 3 μg，西番莲花 1.24 μg。在不产热植物的叶片等器官中也含有 SA，在水稻、小麦、大豆中均检测到 SA 的存在。在植物组织中，非结合态 SA 能在韧皮部中运输。

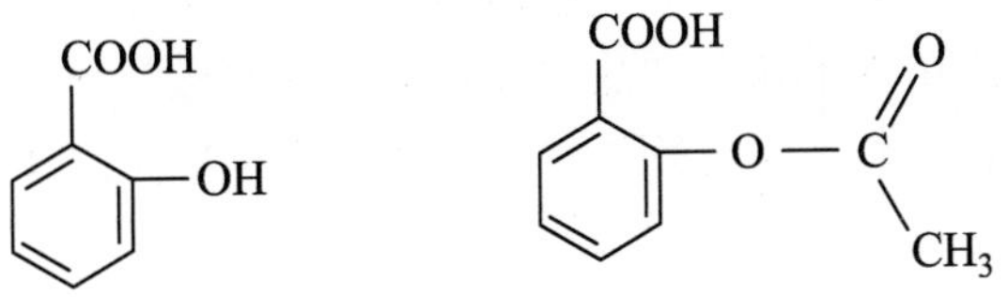

（a）　　（b）

图 1-24　水杨酸（a）与乙酰水杨酸（b）

植物体内 SA 的生物合成来自反式肉桂酸（trans-cinnamic acid），即由莽草酸（shikimic acid）经苯丙氨酸（phenylalanine）形成的反式肉桂酸，可经邻香豆酸（ocoumaric acid）或苯甲酸转化成水杨酸（见图 1-25）。

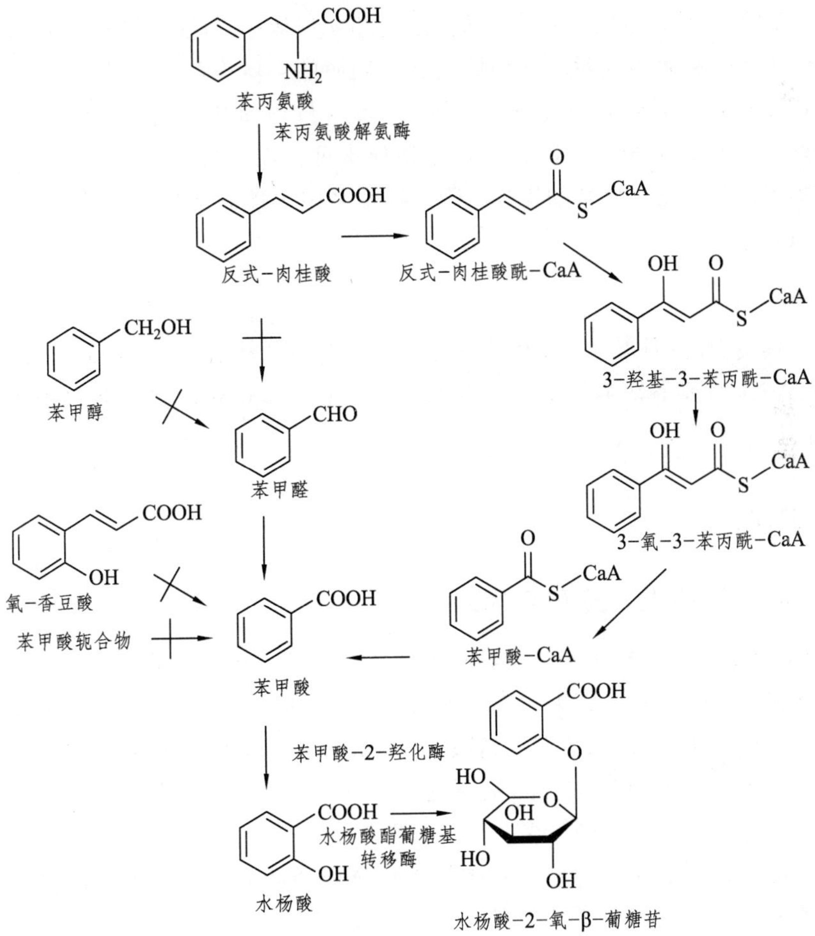

图 1-25　水杨酸生物合成示意图

（二）水杨酸的生理效应

1. 生热效应

生热效应的原因是由于 SA 能激活抗氰呼吸。SA 诱导的生热效应是植物对低温环境的一种适应。在寒冷条件下花序产热，保持局部较高温度有利于开花结实。此外，高温有利于花序产生具有臭味的胺类和吲哚类等物质的蒸发，以吸引昆虫传粉。

2. 诱导开花

SA 可在光诱导的某个时期与开花促进或抑制因子相互作用而促进开花。SA 能使长日性浮萍 *gibba G*3 和短日性浮萍 *Paucicostata* 6746 的光周期临界值分别缩短和延长 2 h。另有试验发现 SA 可显著影响黄瓜性别表达，SA 抑制雌花分化，促进较低节位上分化雄花，并且显著抑制关系发育。

3. 增强抗性

某些植物受病原菌侵染后，侵染部位出现坏死病斑——过敏反应，并引起非感染部位 SA 含量升高，从而使其对同一病原或其他病原的再侵染产生抗性。

某些抗病植物在受到病原侵染后，体内 SA 含量立即升高，SA 能诱导抗病基因的活化，如产生病程相关蛋白（PRs）、产生植保素等，而使植株产生抗性；感病植物受到病原侵染不能导致 SA 含量的增加，因而抗性基因不能被活化，这时施用外源 SA 可以达到类似效果。

4. 影响生长

SA 可抑制大豆的顶端生长，促进侧生生长，增加分枝数量、单株结角数及单角重。SA 还颉抗 ABA 对萝卜幼苗的生长作用。SA（0.01 ~ 1 $mmol \cdot L^{-1}$）可提高玉米幼苗硝酸还原酶的活性。

三、多胺

（一）多胺的种类、分布与代谢

多胺（polyamines，PA）是一类具有生物活性的低分子量脂肪族含氮碱化合物，包括二胺、三胺、四胺和其他胺类。在高等植物中，二胺主要是腐胺（putrescine，Put）、尸胺（cadaverine，Cad），三胺有亚精胺（spermidine，Spd），四胺有精胺（spermine，Spm），还有其他胺类如鲱精胺、二氨丙烷等。通常胺基数目越多，生物活性越强。

多胺在高等植物中不但种类多，而且分布广泛。

通常，细胞分裂旺盛的部位，多胺的生物合成最活跃。多胺生物合成的前体物质为三种氨基酸：① 精氨酸转化为腐胺，并为其他多胺的合成提供碳架；② 蛋氨酸向腐胺提供丙氨基而逐步形成亚精胺与精胺；③ 赖氨酸脱羧则形成尸胺（见图 1-26）。

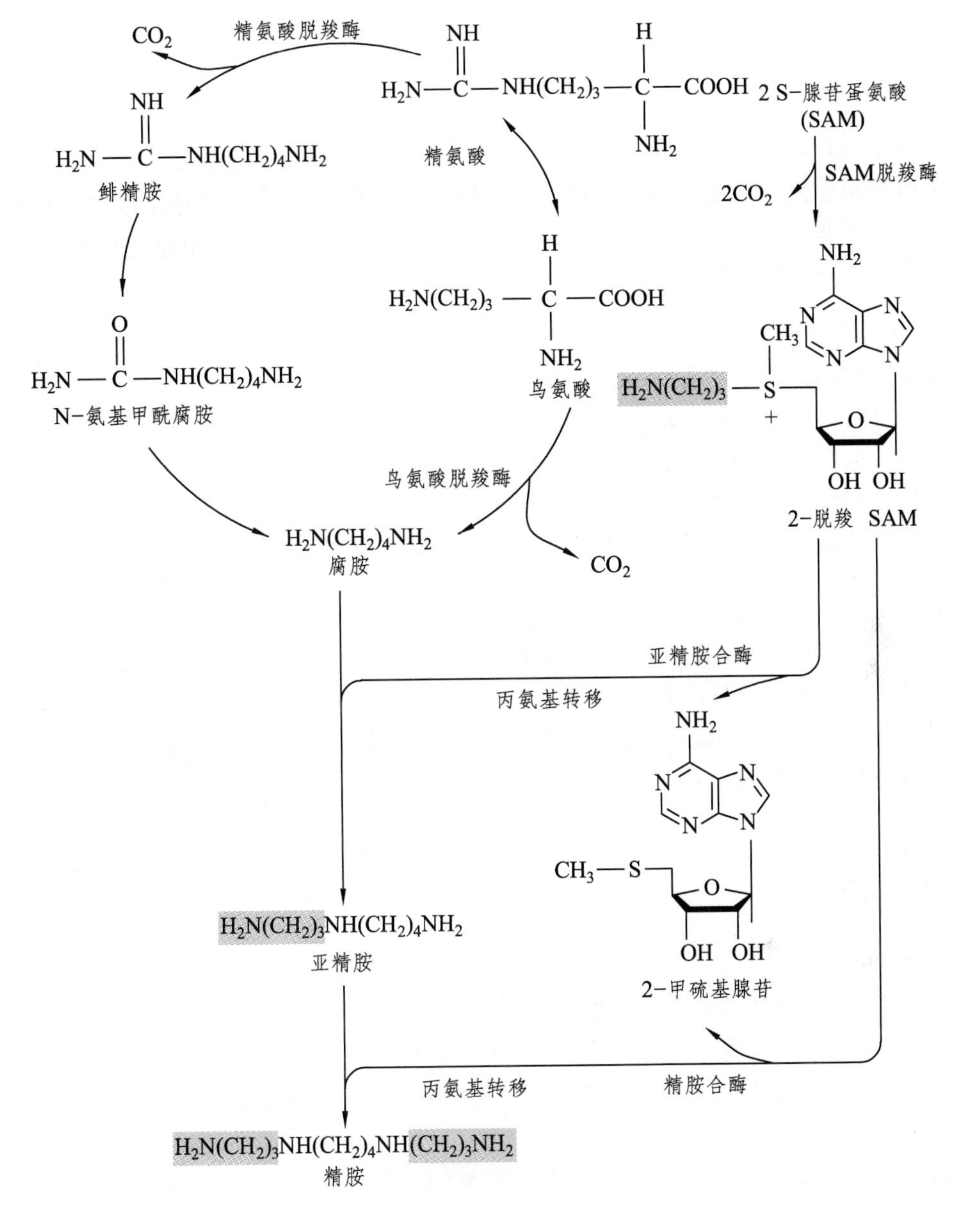

图 1-26　腐胺、亚精胺和精胺的生物合成

多胺在植物体内的氧化分解通过多胺氧化酶进行，在植物中至少发现三种多胺氧化酶。

（二）多胺的生理效应

在生理 pH 下，多胺是以多价阳离子状态存在，极易与带负电荷的核酸和蛋白质结合，这种结合具有稳定核酸的空间结构，提高了对热变性和 DNA 酶的抵抗力。多胺还有稳定核糖体的功能，促进氨酰-tRNA 的形成及其与核糖体的结合，利于蛋白质的合成。多胺是原核和真核生物乃至培养的哺乳动物细胞所必需的生长因子。

1. 促进生长

多胺能够促进植物的生长。例如，休眠菊芋的块茎是不进行细胞分裂的，它的外植体中内源多胺、IAA 和 CTK 的含量都很低，当向培养基中加入 10 ~ 100 μmol·L^{-1} 的多胺而不加其他生长物质，块茎便很快进行细胞分裂和生长。多胺在刺激块茎外植体分裂生长的同时，也能诱导形成层的分化与维管组织的分化。

2. 延缓衰老

置于暗中的燕麦、豌豆、莱豆、油菜、烟草、萝卜等叶片，在被多胺处理后均能延缓衰老进程。而且人们发现，前期多胺能抑制蛋白酶与 RNA 酶活性，减慢蛋白质的降解速率，后期则延缓叶绿素的分解。多胺延缓衰老的原因有：一是多胺具有稳定核酸的作用，稳定核糖体的功能，有利于蛋白质的生物合成；二是多胺和乙烯有共同的生物合成前体蛋氨酸，多胺通过竞争蛋氨酸而抑制乙烯的生成。

3. 提高抗性

在各种胁迫条件（水分胁迫、盐分胁迫、渗透胁迫等）下多胺的含量水平均明显提高，这有助于植物抗性的提高。

多胺还可调节与光敏色素有关的生长和形态建成，调节植物的开花过程，参与光敏核不育水稻花粉的育性转换，并能提高种子活力和发芽力，促进根系对无机离子的吸收。

四、其他

1. 玉米赤霉烯酮

Stob 等 1962 年从玉米赤霉菌的培养物中分离出一种活性物质，1966 年 Utty 等确定了该物质的化学结构，属于二羟基苯甲酸内酯类化合物，命名为玉米赤霉烯酮（zearaienone），后来人们又从玉米赤霉菌中分离出 10 多种玉米赤霉烯酮的衍生物。李季伦、孟繁静等先后检测了小麦、玉米、棉花等 10 多种植物的不同器官，证明都有玉米赤霉烯酮的存在。现在人们认为玉米赤霉烯酮在春化作用、花芽分化、营养生长、抗逆性等方面有重要作用。

2. 三十烷醇

三十烷醇（1-triacontanol，TRIA）是含有 30 个碳原子的长链饱和脂肪酸，分子量 438，因为也可以从蜂蜡中获得，故又称蜂蜡醇（myricylalcohol）。研究认为，三十烷醇在延缓燕麦叶小圆片的衰老、增加黄瓜种子下胚轴的长度、抑制 GA 在黑暗中促进莴苣种子发芽、促进细胞分裂、提高多种酶的活性等方面具有一定的效应。

3. 寡糖素

人们在植物中发现许多对生理过程有调节作用的寡糖片段，称之为寡糖素

(oligosaccharin)。多寡糖素是初生细胞壁的降解产物，通常含 10 个左右的单糖残基。已经证明寡糖素可以诱发植物产生抗毒素及蛋白酶抑制剂，从而提高植物的抗性，寡糖素还可控制植物的形态建成、营养生长和生殖生长等。

第四节　植物激素间的相互关系

植物生长发育是受多种生长物质调节的，起作用的往往不是单一激素，而是几种激素，它们之间存在平衡关系。植物激素之间既有相互促进，也有相互颉抗作用。所以，深入了解植物激素间的相互关系，对于正确地调控植物的生长发育具有十分重要的意义。

一、生长素与赤霉素

低浓度的生长素和赤霉素对离体器官如胚芽鞘、下胚轴、茎段的生长均有促进作用，单独使用时赤霉素的作用没有生长素的明显，合用时促进生长的作用比各自单用的效果更好，由此可见生长素和赤霉素有相互促进加成的作用。究其原因，赤霉素能够使生长素处于含量较高的水平。

二、生长素与细胞分裂素

细胞分裂素加强生长素的极性运输，因而可以增强生长素的生理效应。

但在顶芽和侧芽的相互作用中，生长素和细胞分裂素是相互颉抗的，如生长素促进顶芽生长而维持顶端优势，细胞分裂素促进侧芽发育而趋向打破顶端优势。

此外，这两种激素还控制愈伤组织根和芽的分化，烟草茎髓部愈伤组织的培养实验证明，当 CTK/IAA 比例高时，愈伤组织就分化出芽；CTK/IAA 比例低时，有利于分化出根；当两者比例处于中间水平，愈伤组织只生长而不分化。这种效应已被广泛应用于组织培养中。

三、生长素与乙烯

1. 生长素促进乙烯的生物合成

在促进菠萝开花和黄瓜雌花分化过程中，生长素和乙烯具有相同的生理作用。它们之间究竟是什么关系呢？原来，在上述过程中均是乙烯的作用，生长素促进乙烯的生物合成，生长素的浓度越高，乙烯的生成也越多。现在知道生长素促进 ACC 合成酶的活性。所以，高浓度的生长素具有抑制生长的作用。

2. 乙烯对生长素的抑制作用

乙烯对生长素的作用有三方面：① 乙烯抑制 IAA 的极性运输；② 乙烯抑制生长素的生物合成；③ 乙烯促进吲哚乙酸氧化酶的活性。总之，在乙烯的作用下，生长素的含量下降。因此，乙烯有抑制生长的作用。

四、赤霉素与脱落酸

在萌发与休眠的关系中，赤霉素和脱落酸的作用相反：赤霉素能打破休眠，而脱落酸则能抑制萌发，促进休眠。

值得注意的是，在赤霉素和脱落酸的生物合成中，两种激素有着共同的前体物质，某些中间步骤也是相同的。但环境条件影响两者的合成，进而影响植物的生长。当处于长日照条件下，合成赤霉素，促进生长；短日照条件下，合成脱落酸，促进休眠，其关系如图 1-27 所示：

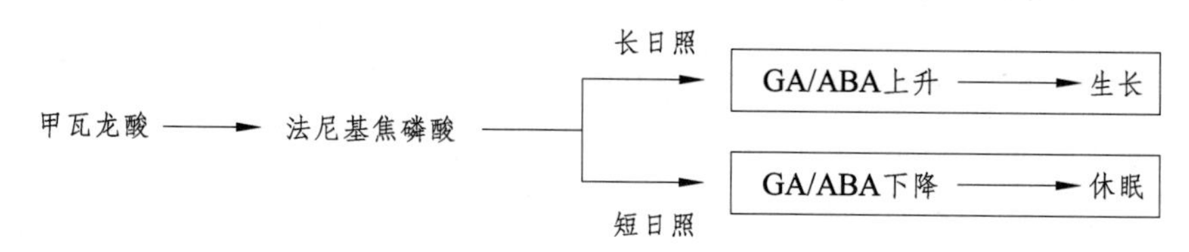

图 1-27　日照长度对赤霉素、脱落酸合成的影响

五、细胞分裂素与脱落酸

脱落酸强烈抑制生长和加速衰老的进程，可能会被细胞分裂素所解除。细胞分裂素抑制叶绿素、核酸、蛋白质的降解，抑制叶片衰老；而 ABA 则抑制核酸、蛋白质的合成，并提高核酸酶的活性，促进叶片衰老。ABA 和细胞分裂素还可调节气孔的开闭，ABA 促进气孔关闭，而细胞分裂素促进气孔开放。

第二章 植物生长调节剂

第一节　植物生长调节剂的基本知识

一、植物生长调节剂的分类

植物生长调节剂是根据植物激素的结构、功能和作用原理经人工提取和合成的，能调节植物的生长发育和生理功能的化学物质。

植物生长调节剂种类很多，目前有5种分类方法。

1. 根据与植物激素作用的相似性分类

将常用的、人工合成的具有生长素活性的化合物称为生长素类物质。按照其化学结构分为：

吲哚类（如吲哚丙酸、吲哚丁酸等）、萘酸类（如萘乙酸）和苯氧羧酸类［如二氯苯氧乙酸（2,4-D）、三氯苯氧乙酸（2,4,5-T）、对氯苯氧乙酸（防落素）、对碘苯氧乙酸（增产灵）等］。

赤霉素类物质，目前在生产上应用的有 GA_3 和 GA_4+GA_7 两种产品，主要由发酵法生产。GA_4+GA_7 对果实的作用优于 GA_3。

在人工合成的、具有细胞分裂素活性的化合物中，最常见的有激动素、6-苄氨基嘌呤、四氢化吡喃基苄基腺嘌呤，在侧链R上具环状结构（腺嘌呤环），使它们的活性高于天然细胞分裂素。另外，二苯脲、氟苯缩脲等虽然没有细胞分裂素的基本结构（腺嘌呤环），但具有细胞分裂素的活性。

落酸类物质有诱抗素，主要通过中国科学院成都研究所获得的脱落酸高产菌株的发酵生产。

乙烯利是一种水溶性的乙烯释放剂，pH＜4.1时稳定，进入植物体后，由于植物组织内的pH＞4.1，乙烯利被分解释放出乙烯。环己亚胺、乙二肟等可造成果皮伤害，用作果实脱落剂。

目前已合成了40多种芸苔素内酯（BR）化合物，其中已开发应用的有表芸苔素内酯（24pi-brassinolide）、高芸苔素内酯（28-homo- brassinolide）和TS303等。

2. 根据生理功能分类

植物的茎尖可分为分生区、伸长区和成熟区，而茎的生长主要取决于分生区的顶端分生组织和伸长区的亚顶端分生组织。根据生理功能不同，将植物生长调节剂分为植物生长促进剂、植物生长抑制剂、植物生长延缓剂。

（1）植物生长促进剂。

凡是促进细胞分裂、分化和延长的调节剂都属于植物生长促进剂，它们促进植物的营养器官的生长和生殖器官的发育，生长素类、赤霉素类、细胞分裂素类、芸苔素内酯类等都属于植物生长促进剂，如吲哚丙酸、萘乙酸、激动素、6-苄基腺嘌呤等。

（2）植物生长抑制剂。

植物生长抑制剂包括阻碍顶端分生组织细胞的核酸和蛋白质的生物合成、抑制顶端分生组织细胞的伸长和分化的调节剂。外施植物生长抑制剂，使顶端优势丧失，细胞分裂慢，植株矮小，增加侧枝数目，叶片变小，也影响生殖器官的发育。外施生长素类可逆转这种抑制效应，而外施赤霉素无效。马来酰肼、直链脂肪醇或酯、三碘苯甲酸、整形素等都属于植物生长抑制剂。

（3）植物生长延缓剂。

植物生长延缓剂是抑制茎部亚顶端分生组织区的细胞分裂和扩大，但对顶端分生组织不产生作用的调节剂。外施植物生长延缓剂，使节间缩短，植株矮小，但叶片数目、节数和顶端优势保持不变，植株形态正常。外施赤霉素可逆转延缓剂的效应，因为植物延缓剂抑制植物体内赤霉素的生物合成或运输，已知赤霉素主要对亚顶端分生组织区细胞的延长起作用。植物生长延缓剂包括季铵类化合物（如矮壮素、甲哌鎓等）、三唑类化合物（如多效唑、烯效唑等）、嘧啶醇、丁酰肼（比久）等。

3. 根据应用中产生的效果分类

根据植物生长调节剂在生产中的用途和效果进行分类，举例介绍几个种类如下：

（1）矮化剂。

矮化剂是使植物矮化健壮，可控制株型的一类生长调节剂，包括矮壮素、多效唑、烯效唑、甲哌鎓等。

（2）生根剂。

生根剂包括促进林木插条生长不定根的一类生长调节剂，如吲哚丁酸、萘乙酸、丁酰肼（比久）、脱落酸等。

（3）催熟剂。

催熟剂是指促进作物产品器官成熟的生长调节剂，如乙烯利和增甘膦等。

（4）脱叶剂。

脱叶剂是指使叶片加速脱落的生长调节剂，包括脱叶磷、乙烯利、脱叶脲等。

（5）疏花疏果剂。

疏花疏果剂是指可以使一部分花蕾或幼果脱落的生长调节剂，常用的有二硝基甲酚、萘乙酸、萘乙酰胺、乙烯利等。

（6）保鲜剂。

保鲜剂是指防止果品和蔬菜的衰变、起到贮藏保鲜作用的一类生长调节剂，主要有 6-氨基嘌呤、2,4-D、1-MCP（甲基环丙烯）等。

（7）抗旱剂。

抗旱剂是指可使气孔关闭、减少水分蒸发、增强植物抗旱性的生长调节剂，包括脱落酸、黄腐酸、水杨酸等。

（8）增糖剂。

增糖剂主要指增加糖分的积累与储藏的生长调节剂，如增甘膦等。

4. 根据调节剂来源分类

从植物、微生物、动物及其副产物中提取的生长调节剂称为天然或生物源调节剂，如赤霉素、玉米素、脱落酸等。工厂化生产的芸苔素内酯等主要通过仿生或半合成，称为仿生或半合成调节剂。多效唑、矮壮素、吡效隆、甲哌鎓、GR24 等主要通过化学合成，称为化学合成调节剂。

5. 根据合成前体分类

根据生长调节剂的合成前体种类，可分为氨基酸类（如生长素类、乙烯、赤霉素类）、多肽类（如结瘤素、系统素等）、酯类（如芸苔素内酯）和异戊烯类（如赤霉素类、脱落酸、细胞分裂素）等。

二、植物生长调节剂的特点

植物生长调节剂具有生理活性，大都是人工合成的化合物。植物生长调节剂以较小的剂量处理植物，进入植物体内影响相关的各种酶系活性，或影响相应的信号途径并相互联系，起到调节作用。这个作用不同于矿物质元素氮、磷、钾、镁、钙、硼等的作用。

植物生长调节剂对植物生长发育过程中的不同阶段如发芽、生根、细胞伸长、器官分化、花芽分化、开花、结果、落叶、休眠等起到调节和控制作用。它们有的能提高植物的蛋白质、糖等含量，有的能改变其形态，有的可增强植物抗寒、抗旱、抗盐碱和抗病虫害的能力。

植物生长调节剂调控植物的生长发育和产量、质量的重要作用逐渐被重视，并在各类农作物中得到了大面积推广，获得了巨大的经济和社会效益。与传统的农业技术相比，采用植物生长调节剂控制和调节作物生长发育的方法不仅能协调植株的生长发育、植株与外界条件的关系，而且能调控植物体细胞内相关基因的表达，实现对作物性状的“修饰”。目前认为，通过植物生长调节剂的适时适量运用，可使植物体内的激素含量以及生理作用发生显著的变化。

第二节　植物生长调节剂使用的特点及影响因素

一、植物生长调节剂使用的特点

2001 年起国家将植物生长调节剂列入农药进行管理，其作用对象为植物（主要为农作物），与杀虫剂、杀菌剂和除草剂等农药类似，并且需要充分考虑药剂本身、植物（作物）对象、使用技术和环境条件等影响作用效果的多个因素，并且需要遵守农药使用的一般原则。然而，由于植物生长调节剂直接作用于植物，对植物生长发育相关的许多性状如作物节间伸长、果实膨大等性状的调节，既要能解决生产问题，又能保障作物高产，且不影响农产品品质。因此，科学使用植物生长调节剂，需要了解植物生长调节剂的作用特点和影响药效发挥的主要因素。

1. 不同植物生长调节剂的作用效果不同

每种植物生长调节剂具有特定的一种或多种功效。由于不同种类的调节剂在化学结构、作用原理等方面存在很大差异，因而其作用效果也不相同，有时甚至截然相反，如植物生长促进剂和植物生长延缓剂对植物生长的影响就存在显著的差异。另外，虽然同一类调节剂的作用效果相似，一般没有质的区别，但由于各方面的原因（如吸收、运输、代谢、受体等）却存在量的差异。如植物生长延缓剂中，不同药剂在相同浓度时对某一作物的效果不同，生产上若要达到相同效果，使用的浓度通常存在差异。以不同植物生长延缓剂降低小麦株高效果为例，特效烯（teteyclacis）的效果较好，只需 2.8×10^{-5} mol/L 就能使小麦株高降低 50%；而甲哌鎓（DPC，缩节安）的效果较差，使小麦株高降低 50%的浓度高达 6.3×10^{-2} mol/L，较前者高出数千倍。

2. 同一种植物生长调节剂对不同作物或不同品种的效果不同

由于不同植物形态结构、生理和生长发育特点不同，对外源施用的植物生长调节剂的反应不一，使用同样剂量的同种调节剂会有不同效果，因而生产上应用时需要根据植物特点和反应确定适宜的剂量。例如缩节安在棉花上效果明显，一般每亩使用 3 ~ 5 g，使用浓度不超过 30 mg/L；而小麦对甲哌鎓不敏感，40 g/亩的用量下反应仍不明显，使用成本较高。小麦、玉米对多效唑反应敏感，可用作防倒剂，棉花对多效唑敏感，使用技术要求很严格，不宜盲目推广。

同一种植物生长调节剂甚至对同一作物不同品种效果也不同。例如苹果品种橘苹表现出能耐高浓度的 2,4-D，在浓度高达 1 000 mg/L 时仍然不表现出反应；相反布雷姆利实生品种对 5 mg/L 的 2,4-D 即表现出强烈的生长反应，500 mg/L 浓度可使植株致死。这是因为橘苹体内含有一种酶，可脱去 2,4-D 脂肪侧链的羧基，而布雷姆利实生品种体内没有这种酶。乙烯利诱导瓠瓜产生雌花，早熟品种用 100 mg/L，中熟品种用 200 mg/L，晚熟品种用 300 mg/L。另外诱导橘类花果疏除的适宜萘乙酸浓度是 300 ~ 500 mg/L，这个浓度比疏除苹果、桃、梨、橄榄和杏所用的浓度高 10 ~ 20 倍，这可能与柑橘类果树可迅速形成结合态生长素有关。

3. 植物生长调节剂的浓度效应

植物生长调节剂的有效浓度多为每升几毫克到几百毫克，每公顷用量多为几十至几百克，如芸苔素内酯在生产上的使用浓度一般为 0.01 ~ 0.1 mg/L，每公顷使用有效成分总量一般为 0.2 ~ 2.0 g，属超低用量农药。这与一般化肥、杀虫剂、杀菌剂不同。

不同植物甚至不同品种、不同器官，对同一种植物生长物质敏感性不同。剂量合适则效果好，过低或过高则效果不佳，甚至还会有副作用。通常植物的根、茎、叶对生长素的反应浓度显著不同。植物生长调节剂应用于作物上浓度效应很明显：如使用 2,4-D 处理番茄花蕾时，10 ~ 15 mg/L 可防脱落、促坐果，浓度过高会造成空心、裂果和畸形果，从而降低产量和品质；比该浓度更低的 2,4-D 都会引起棉花、大豆等阔叶敏感作物上发生“鸡爪叶”、茎扭曲等受害症状：100 ~ 500 mg/L 能抑制其生长与萌发；高浓度（1 ~ 2 g/L）可杀死许多双子叶杂草，可以用作除草剂。所以在使用植物生长调节剂时要严格掌握浓度和剂量，不可随意增加。

植物生长调节剂的应用效果与使用浓度密切相关。适宜的使用浓度是相对的，并不是固定不变的。在地区、作物品种与长势、生长调控的目的和药剂使用方法等不同的情况下，其都存在不同的使用浓度。浓度过低，不能产生应有的效果；浓度过高，会破坏植物的正常生理活动，甚至伤害植物。如：乙烯利在 1 ~ 10 g/L 浓度促进橡胶树排胶；1 000 mg/L 浓度催熟番茄、香蕉等；100 ~ 200 mg/L 浓度诱导黄瓜雌花。

4. 植物生长调节剂的时间效应

植物生长调节剂一般要在特定生育阶段使用才有效果。过早或过晚使用，不但不能达到理想效果，而且常会有副作用或药害。如应用植物生长延缓剂防止冬小麦倒伏，最佳时间在小麦基部节间开始伸长的起身至拔节期。使用过早，小麦刚返青，吸收能力差；使用过晚，在小麦拔节后期使用，小麦基部的节间已长成，防止倒伏的效果不佳。如果在抽穗前后使用生长延缓剂，则会影响小麦抽穗或延缓穗下节的伸长，严重影响小麦产量。所以使用植物生长调节剂时要严格按照产品说明和要求的时间或生育期，不可随意改变。

用乙烯利催熟棉花，用药时期选择很重要，要把握好大多数需要催熟棉铃达到铃期的 70% ~ 80%（铃龄 45 d 以上）。如果使用过早，会影响棉花品质。另外，使用乙烯利的具体日期也要特别注意，处理后要有 3 ~ 5 d 日最高温度在 20 °C 以上。因为乙烯利在棉花体内需要 20 °C 以上的温度才能迅速释放乙烯，同时考虑到乙烯利的吸收和发挥作用需要几天的时间，不能过晚，否则会影响催熟效果。通常地，乙烯利催熟棉铃应掌握在枯霜期（北方棉区）或拔棉柴（复种棉区）之前 15 ~ 20 d 进行处理。

5. 植物生长调节剂存在作用期及“反跳”现象

植物生长调节剂进入植物体内，经过运输和信号转导过程，才能发挥效能。随着时间推移，调节剂代谢、降解或向环境逸散，植物体内调节剂减少，作物随生育过程敏感性变化，作物不再表现反应。使用植物生长调节剂后，从效应表现到消失的时间，一般称为调节剂的作用期（或效应期）。

植物生长调节剂作用（抑制或促进作用）消失后，植物体有时反而表现出相反的生长效果，一般称之为“反跳”现象。这是植物生长调节剂的一种普遍现象，如植物生长延缓剂作用消失后，植物某些节间（其伸长生长已处于延缓剂有效期之后）反而长于对照。以小麦上应用多效唑为例推测这一现象的原理：多效唑在抑制赤霉素生物合成时，主要抑制 GA 生物合成途径中“贝壳杉烯→贝壳杉烯醇→贝壳杉烯醛→贝壳杉烯酸”的 3 步氧化过程，不抑制贝壳杉合成，也不影响贝壳杉烯酸以后的过程。因而当赤霉素合成受到抑制时，使贝壳杉烯在植物体内有一定的积累。当多效唑抑制作用消失后，由于积累了较高水平的贝壳杉烯，赤霉素合成较多，从而促进了生长。棉花上应用 DPC、果树上应用延缓剂也有类似现象。

6. 植物生长调节剂的相互作用和配合使用

作物生长发育包括多种生理过程，调节剂一般影响某个或某些过程，有时对其他过程无效或有害。植物激素间存在各种相互作用，不同调节剂间的作用既相对独立又相互联系。合理利用两种或多种调节剂复合使用，可发挥增效作用。

（1）混合使用。

利用不同调节剂的效应，同时使用，达到作用效应的加成、相乘，或取长补短，从而达到增效和减少副作用的目的。对茶树穗枝发根，萘乙酸促进生根但扦插后 3 ~ 4 个月对地上部分生长影响弱，而 VB_1 能促进插穗生命活动。用 5 mg/L VB_1 溶液加 100 mg/L 萘乙酸溶液处理茶树短穗插枝，相较于两者单独处理，生根早，根多而长，地上部分生长好。乙烯利能矮化玉米和防倒伏，但果穗发育明显受抑制，胺鲜酯和芸苔素内酯等植物生长调节剂能促进玉米果穗发育，减少秃尖。二者配合混用，合理密植，可兼有防倒增产作用。

（2）顺序使用。

利用植物发育阶段性和激素作用的顺序，先后施用不同调节剂，加强对同一目标的控制效果或解决不同发育阶段的问题，要考虑作物发育程序、植物生长调节剂作用效果和作用先后。在植物根系生长发育的不同时期，受不同浓度及不同激素的影响，如不定根诱导期需要激素 1AA，起始早期细胞分裂需要较多 IAA，高浓度 GA 会抑制这个过程。在促进作物生根时要考虑在根系生长发育不同时期、不同种类激素的效应差异。研究发现，对绿茎下胚轴生根，先用 IBA 后用延缓剂效果最好，两者同时处理其次，先用延缓剂后用 IBA 效果最差。在棉花的生产上，苗期、蕾期和花铃期使用缩节安调控株型，协调营养物质分配，有利于棉花增产和品质改善；在棉花的吐絮期，施用乙烯利促进晚熟棉铃吐絮，施用噻苯隆促进棉花脱叶，利于机械收获。通过在不同阶段进行系统化控制，人们才能更好地调控作物生长。

二、植物生长调节剂效果的影响因素

植物生长调节剂的种类繁多，功效各异，被植物吸收、运输、钝化、降解与转化的方式也千变万化，对生长效应的影响亦相差很大，即使药剂种类相同、作物相同，在不同地区、不同季节或采取不同的使用方法，也会产生不同的效果。因此，在使用调节剂时，应根据使用目的，选择适当的药剂种类及剂型，确定使用的时期、浓度、部位和方法，从而达到预期的目的，取得更大的经济效益。

1. 药剂因素

（1）植物生长调节剂的品种和药剂质量。

选用不同药剂，其效应、强度、机理、理化性质等不同，药剂效果显然会不同。植物生长调节剂质量也会影响效果。植物生长调节剂生产过程中，如果存在与有效成分结构类似的化合物，竞争植物内结合位点，但生理活性相对较低，或含有靶标植物有害杂质，都会降低药效甚至有副作用。例如缩节安药品的质量对效果有影响。按照缩节安的质量标准，原药合格品为有效成分≥96%，杂质含量＜1.5%。杂质含量对药效的影响不容忽视，研究发现，即使有效成分在97%以上，杂质含量超过2%就会影响药效。

（2）植物生长调节剂的剂型。

植物生长调节剂剂型影响药剂存留、吸收、运输、稳定性等，对其效应影响很大。生产上要结合药剂理化特性和应用对象，设计适当剂型。例如三十烷醇在水中溶解度极低，难以被植物吸收，生产上应用效果不稳，甚至多数研究者曾否认其效果。但后来成功开发的三十烷醇乳粉剂型，提高了吸收运转效率，在生产上应用逐步扩大。赤霉素、多效唑、芸苔素内酯等的效应也有类似例子。噻苯隆作为棉花脱叶剂，油悬浮剂的效果优于可湿性粉剂，这是由于油基助剂有利于药剂的渗透和棉花叶片的吸收。

（3）其他化学成分。

产品中的其他助剂如渗透剂、增效剂、展着剂、黏着剂、抗蒸腾剂等能增加植物生长调节剂的稳定性，提高吸收和利用效率。与其他调节剂品种、杀菌剂、杀虫剂、除草剂、肥料等农用化学品配合施用，也会影响效果。

2. 作物因素

植物的生育期、生理状态以及形态特征等，都会影响植物对植物生长调节剂的存留、吸收、敏感性等，这与杂草对除草剂药的影响相似，对于植物生长调节剂来说，作物对其的敏感性也是影响药效的重要的因素。

不同作物对同种或类似植物生长调节剂的敏感性不同，可能与受体数量、分布、特性和信号传导途径有关。就降低株高、防止倒伏而言，小麦、玉米、棉花各有其适用的植物生长调节剂。小麦为多效唑，棉花为缩节安，玉米为乙烯利。棉花对缩节安很敏感，小麦和玉米则不然。许多农民在小麦、玉米生产上应用缩节安降低株高防倒伏，但成本提高，效果不佳。棉花对多效唑过于敏感，因而对使用技术要求很严格。

即使同种植物、不同品种或生态类型，对植物生长调节剂的感性也不同。如大穗型小麦应用20%甲·多微乳剂后穗子更大，多穗型小麦应用后则穗子更多。

3. 使用技术因素

（1）施用部位。

植物器官与部位不同、对植物生长调节剂反应的敏感程度不同。同一植物的不同器官反应敏感性也不同，如根对 1AA 浓度的反应最敏感，芽次之，茎最迟钝。2,4-D 防止番茄落花，促进子房生长，需要 10 ~ 20 mg/L，只能涂于花上，不能洒在叶片与幼芽上，否则会引起它们的畸变。施用 1AA 或赤霉素防止落果，药剂的作用在于使果实成为代谢库，以促进植物营养物质向施用部位运输，故处理的部位以果柄、果实为宜。若只喷洒于叶片，则使叶片成为代谢库，将起到相反的作用。用乙烯利促进橡胶树排胶，应将乙烯利油剂涂于树干割口下方宽 2 cm 处，刺激乳胶不断分泌出来，提高产胶量，否则就收不到预期效果。用萘乙酸或乙烯利刺激凤梨开花，可将药液注入筒状心皮中，直接刺激花序分化，而不是全株喷洒或土壤浇灌。

（2）施用时期。

植物生长发育阶段不同，对植物生长调节剂反应的敏感性存在差异。要根据使用目的、生育阶段、药剂特性等因素，从当地实际情况出发，经过试验确定最适宜的用药时期。如乙烯利催熟棉花，在棉田大部分棉铃的铃期达到 45 d 以上时，才有很好的催熟效果。使用过早，会使棉铃催熟太快，铃重减轻，甚至幼铃脱落；使用过迟，则催熟的意义不大。黄瓜用乙烯利诱导雌花形成，必须在幼苗三叶期使用，过迟用药，则早期花的性别已定，达不到诱导早花的目的。水稻和小麦的化学杀雄，以在单核期（花粉内容充实期）施药最佳，不宜在95%以上，杀雄率高。过早或过迟施药效果差，有的甚至无效。果树应用萘乙酸作为疏果剂，应在花后使用，作为保果剂应在采前使用。防止小麦倒伏，应在起身至拔节前应用植物生长延剂进行处理。

（3）处理浓度、水量和水质。

调节剂适宜的应用浓度是相对的，不是固定不变的。地区不同，作物品种、长势、目的、方法不同，调节剂的使用浓度也不同。浓度过低，不能产生应有的效果；浓度过高，会破坏植物的正常生理活动，甚至产生药害。

常见植物生长物质用量的表示方法有：

① 使用浓度。一般按有效成分的质量浓度计算，应采用国际标准单位，质量用毫克（mg）、体积用升（L）等，即 mg/L 等。

② 单位面积使用量。是用每公顷使用的药剂有效成分量表示，对植物生长调节剂产品而言，多数换算成单位面积使用产品的量。在用水稀释情况下：单位面积用量（g/hm^2）=使用浓度（mg/L）×单位面积用水量（L/hm^2）$\times 10^{-3}$。

因为不同情况下处理时，用水量并不完全一样，在使用植物生长调节剂时，仅强调使用浓度或使用量是不够的，可能会对使用效果有影响。科学和准确的表示方法应同时说明使用浓度、单位面积用药量（或单位面积用水量）。一般喷施处理时，应根据单位面积需要的有效成分量，结合处理作物特点和喷药器械的性能，计算合适的用水量，配制后处理。在浸蘸处理等情况下，药剂浓度的准确性较重要。配制药液用水的质量有时也影响药剂效果。水的硬度不同，可能会影响药剂的分散、溶解、稳定性及吸收效率等。被污染的水不能用来配制药液。

（4）施用方式和次数。

由于不同植物生长调节剂进入植物体的途径不同，所以施用方式就有所不同。多效唑主要通过根部吸收，所以土施效果好；缩节安主要从叶面进入植物体，所以多进行叶面喷施。

植物生长调节剂的使用次数也影响效果。增加使用次数能使药剂的持效期延长，对一些需要持续控制的性状，如株型调节等效果更显著。

4. 环境因素

施药时的环境因素如田间温度、大气湿度和光照强度等因素，都会影响植物生长调节剂的作用效果。在一定温度范围内，植物生长调节剂的应用效果一般随温度升高而提高。这是因为温度升高会加大叶面角质层的通透性，加快叶片对植物生长调节剂的吸收；另一方面，叶片的蒸腾作用和光合作用增强，植物体内的水分和同化物质的运输也较快，这也有利于植物生长调节剂在植物体内的传导。例如乙烯利的作用直接受到温度的影响。温度高，分解速度加快，效果好；反之，进入植物体内后分解缓慢，应用效果就差。棉花生育后期应用乙烯利催熟时，必须保证至少有 3 d 的日最高气温在 20 °C 及以上。在棉花吐絮期应用脱叶剂噻苯隆，通常会因为气温较低影响棉花植株对药剂的吸收，从而导致叶片脱落率低的结果。空气湿度高，植物生长调节剂在叶上不易干燥，延长了吸收的时间，进入植物体内的量增多，提高应用效果。阳光下，植物气孔开放，有利于植物生长调节剂渗入；另一方面则加快了植物生长调节剂在植物体内的传导。阳光过强起反作用，而且过强的阳光常也会引起某些植物生长调节剂活性发生变化。所以，不宜在中午阳光过强时喷施植物生长调节剂。一般在晴天上午 8 ~ 10 时，下午 4 ~ 6 时施用为宜。另外，风、雨等因素均会降低植物生长调节剂的应用效果。通常跟其他农药处理一样，在施药后 4 h 内遇雨需要补喷，在施药后 6 h 内遇雨需要减半补喷。

5. 栽培管理措施

植物生长发育不仅需要植物生长调节剂进行调控，还需要营养、水分、温度、光照等物质和环境条件，品种、种植方式、施肥、浇水、耕作措施等应与植物生长调节剂配合，表现出综合农艺效果（复合效应）。应用植物生长调节剂要达到理想效果，需要最佳的复合效应，必须重视改善环境与常规栽培措施的配合。例如，应用乙烯促进黄瓜多开雌花和多结瓜时，必须配合补充肥水以供应足够营养，否则容易出现瓜小、落瓜、早衰等，影响产量和品质。应用植物生长调节剂胺鲜酯·乙烯利水剂处理，防止玉米倒伏效果很好，可以降低株高，增加抗倒伏能力，但单株营养体缩小，应配合适当增加密度，才能获得更高产量。棉花的“矮密早”栽培模式就是在应用缩节安进行化学控制的基础上，配合增加密度、施肥灌溉等措施形成的综合技术体系。

第三节　植物生长调节剂的施用技术

植物生长调节剂的科学使用，除了要了解生长调节剂的使用特点和影响药效的因素外，还要了解药剂的剂型特点、产品和作物生长特点，以及农业生产上的调节目标，采用科学合理的施药技术，同时，还要特别重视植物生长调节剂的安全使用与合理使用。

一、植物生长调节剂的主要剂型

生产上要结合药剂理化特性和应用对象，设计适当剂型。植物生长调节剂品种除了极少水溶性很强或挥发性强的原药，如甲哌鎓（缩节安）等，必须加工成不同的剂型，形成产品，才可以在农业生产上使用。对于不溶或难溶于水的原药，需要加入助剂、载体，经过特定的加工程序制备成农药商品制剂，才能满足施用的基本要求，起到药剂应有的作用效果。常见植物生长调节剂的剂型有：

1. 乳油

乳油（Emulsifiable Concentrate，EC）是由有效成分（原药或原油）、有机溶剂和乳化剂组成的透明油状液体，对水稀释能形成稳定的乳状液。除了上述组分外，乳油还含有适量的增效剂、渗透剂和稳定剂等。我国农药市场中乳油份额较大，近年来由于农药加工水平的提高而有所提高。植物生长调节剂大部分水溶性较强，多以水剂为主。但是乳油的比例也不低，代表品种有4%赤霉素乳油等。相较于其他制剂类型，乳油表现出相对较高的药效，这是因为乳油中的溶剂和乳化剂能使有效成分以胶束的形式均匀分布于药液中，利于湿润展着在植株上并渗透到植株体内，充分发挥药剂的效果。乳油生产加工较容易，工艺和生产设备简单，加工生产过程中三废少。不足方面主要有：有机溶剂如甲苯、二甲苯等用量大，生产和运输存在安全隐患，有机溶剂容易透入皮肤，对人畜经皮毒性程度高；另外有机溶剂也易引起环境污染和资源消耗。因此，以水基性制剂代替乳油将成为必然趋势。

乳油制产品在使用时，对水稀释后要求药液稳定，至少在使用时不产生浮油和沉淀，否则容易造成药液喷洒不均匀，无法正常发挥药效。

2. 可湿性粉剂

可湿性粉剂（WP）是将农药原药、载体或填料、润湿剂、分散剂和其他助剂混合，经过气流粉碎机粉碎成一定细度的制剂，使用时直接兑水喷雾即可。一般来说，可湿性粉剂产品要求具有较好的润湿性、分散性、高悬浮率等。可湿性粉剂具有以下优点：① 对水溶性和有机溶剂溶解性差的有效成分适宜；② 与乳油相比，不含有易燃的有机溶剂，在运输、包装和使用环节更安全；③ 成本低，工艺简单，生产技术难度小。

当然，可湿性粉剂的缺点也是明显的：① 容易漂移，造成生产过程中的粉尘污染，使用时也容易造成吸入毒性和环境污染；② 悬浮率低的产品容易影响药效的发挥。植物生长调节剂产品中，具代表性的有 15%多效唑可湿性粉剂、5%烯效唑可湿性粉剂和 50%噻苯隆可湿性粉剂。

可湿性粉剂产品在使用时，对水稀释后要求有较好的润湿分散性、较高的悬浮率，确保施药期间有效成分在喷雾容器内有较好的悬浮稳定性。

3. 可溶性粉剂

可溶性粉剂（Soluble Powder，SP）是指在使用浓度下，有效成分能迅速分散而完全溶解于水中的一种剂型。可溶性粉剂是由水溶性原药、助剂和填料经加工制成的颗粒状制剂。生产上使用时，用水稀释成田间使用浓度时，有效成分能迅速分散并完全溶解于水中，供喷雾使用。

可溶性粉剂物理稳定性好，加工成本相对较低，便于储存和运输，使用方便。与可湿性粉剂相比，可溶性粉剂不会发生药液中有效成分微粒沉降造成施药不均匀的问题和药液堵塞喷头的现象。可溶性粉剂除了高含量的有效成分外，填料可用水溶性的无机盐（如硫酸钠、硫酸铵等）。

助剂大多是阴离子型、非离子型表面活性剂或是两者的混合物，主要起助溶、分散、稳定和增加药液对生物靶标的润湿和黏着力等效果。加工可溶性粉剂有喷雾冷凝成型法、气流粉碎法和喷雾干燥法等。植物生长调节剂产品中，具代表性的可溶性粉剂产品有 96%甲哌鎓可溶性粉剂等。一般来说，可溶性粉剂易吸潮，在生产加工时要注意车间的空气干燥或者在湿度较低的秋冬季进行，另外储运和使用时也要注意密封包装。生产上就经常出现 96%甲哌鎓可溶性粉剂吸潮后不便于计量的情况。田间应用可溶性粉剂产品时，可以采用二次稀释的方法。

4. 悬浮剂

悬浮剂（Suspension Concentration，SC）又称水悬浮剂、胶悬剂和浓缩悬浮剂，其基本原理是在润湿剂和分散剂作用下，将不溶或难溶于水的原药分散到水中，形成均匀稳定的粗悬浮体系。悬浮剂的主要成分包括农药原药、润湿剂、分散剂、增稠剂、防冻剂、消泡剂和水等。悬浮剂具有成本低，生产、储运和使用安全，对环境影响小，药害轻等优点。农药悬浮剂可用来加工悬乳剂（SE）和悬浮种衣剂（FS）、微胶囊悬浮剂（CS）等，进一步扩大农药的应用范围。这些制剂从其分散原理看，也属于悬浮剂的范畴。农药悬浮剂以水为介质，符合农药制剂水基化发展要求，前景广阔。植物生长调节剂产品中，代表性的悬浮剂产品有 25%多效唑悬浮剂和 540 g/L 噻苯隆·敌草隆悬浮剂等。悬浮剂的生产制造过程一般有两种：① 用机械或气流粉碎等方法，将固体原料加工至微米级以下，然后与表面活性剂、防冻剂、增稠剂等水溶性助剂混合调配成浆料，经胶体磨和砂磨机研磨，调整 pH 值、流动性、润湿性等，质量检查合格后包装而得；② 先把原药与表面活性剂、消泡剂、水均匀分散，经粗细两级粉碎制成原药浆料，然后与防冻剂、增稠剂、防腐剂和水混合即得。

使用悬浮剂制剂产品时，直接稀释喷雾即可。制剂的悬浮率、分散性和稀释稳定性等指标会影响药剂的效果。

5. 水分散粒剂

水分散粒剂（Water Dispersible Granule，WG）又叫干悬浮剂（Dry Flowable，DF）。使用时放入水中，能较快地崩解、分散，形成悬浮的分散体系，被认为是21世纪最具发展前景的农药剂型之一。WG剂型的组分除了有效成分外，还包括润湿剂、分散剂、黏结剂、崩解剂和填料等。

6. 泡腾片剂

农药泡腾片剂（Effervescent Tablet，EB）属于片剂中的特殊剂型，由原药、泡腾剂（酸碱）、润湿剂、分散剂、黏结剂、崩解剂和填料等，经过粉碎、混合、压片等程序制成，使用时同水起反应释放出二氧化碳而快速崩解。泡腾技术最早应用于医药领域，随着高分子材料和制剂技术的发展，20世纪70年代后，日本首先将泡腾技术应用于制备农药除草剂泡腾片，目前该技术已成熟，在水稻除草剂产品中泡腾片剂的比例逐渐提高。泡腾片剂利用酸碱泡腾体系及崩解组分，使泡腾片剂具有自我崩解扩散能力，其优良性能包括：① 使用方便，省工省力，施药者容易掌握；② 直接抛洒，减少药剂漂移，对周边作物安全；③ 崩解性能优越，扩散均匀；④ 储藏安全，质量稳定。

二、植物生长调节剂的施用方法和安全使用

1. 施用方法

植物生长调节剂的科学施用，总体要求是使有效成分最大限度地施用到生物靶标上，尽量减少对环境、作物和施用者的影响。药剂使用效果的好坏，取决于选择适当的施药方法，目前用的植物生长调节剂施药方法主要有喷雾法、浸泡法、涂抹法、浇灌法、拌种与做种衣法、熏蒸法等，叶面喷雾仍然是当前最主要的施药方法。

（1）喷雾法。

喷雾法是用手动、机动、电动喷雾机具或无人机，将药液分散成细小的雾滴喷到作物上的一种施药方法。这种施药方法是植物生长调节剂施用最普遍、最重要的方法，凡是可以对水稀释的植物生长调节剂产品剂型，如乳油、可湿性粉剂、可溶性粉剂、悬浮剂、水分散粒剂等，都可采用喷雾法施用。对于植物生长调节剂来说，施药要求株株着药，特别是一些移动性不佳的药剂，如脱叶剂噻苯隆，需要全株充分着药，采用喷雾法容易让药剂分布均匀，见效快。喷雾法的缺点是药液容易漂移流失，易玷污施药人员，并受水源限制。

（2）浸泡法。

浸泡法常用于种子处理、促进插条生根、催熟果实和储藏保鲜等。

进行种子处理时，药液量要没过种子，浸泡时间为 6～24 h，与温度有关，等种子表面的药剂晾干后再播种。

生产上浸泡插条时将插条基部 2.5 cm 左右浸泡在含有植物生长调节剂的水中，药液浓度决定浸泡时间，也可快蘸。浸泡后，将插条直接插入苗床中。也可用粉剂处理，先将苗木在水中浸湿，再蘸沾拌有生长素的粉剂处理。

（3）涂抹法。

涂抹法是用毛笔或其他工具，将药液涂抹在植物某一部位的施用方法。

如将 2,4-D 涂布在番茄花上，可防止落花，并可避免药液对嫩叶及幼芽产生危害。此法便于控制施药的部位，避免植物体的其他器官接触药液。对于一些对处理部位要求较高的操作，或是容易引起其他器官伤害的药剂，涂抹法是一个较好的选择。

用羊毛脂处理时，将含有药剂的羊毛脂直接涂抹在处理部位，大多涂在切口处，有利于促进生根，或涂芽促进发芽。

（4）浇灌法。

浇灌法是配成水溶液直接灌在土壤中或与肥料等混合使用，使根部充分吸收的施用方法。

在育苗床中应用时，可叶面喷洒，也可进行土壤浇灌。如果是液体培养，可将药剂直接加入培养液中。

大面积应用时，可按一定面积用量，与灌溉水一同施入田中；也可按一定比例，把生长调节剂与土壤混合施用。另外，土壤的性质和结构，尤其是土壤有机质含量的多少，对药效的影响较大，施用时要根据实际情况适当增减用药剂量。

（5）拌种与做种衣法。

拌种法与种衣法是专用于种子处理的生长调节剂施用方法。用杀菌剂、杀虫剂或微肥等处理种子时，可适当添加植物生长调节剂。

拌种法是将药剂与种子混合拌匀，使种子外表沾上药剂，如用喷壶将药剂洒在种子上，边洒边拌，搅拌均匀即可。

种衣法是用专用剂型种衣剂，将其包裹在种子外面，形成有一定厚度的薄膜，可同时达到防治病虫害、增加矿质营养、调节植物生长的目的，省工、省时，效率高。

（6）熏蒸法。

熏蒸法是利用气态或在常温下容易汽化的熏蒸剂，在密闭条件下施用的方式。

熏蒸剂的选择是取得良好效果的前提，在进行气体熏蒸时，温度和熏蒸容器的密闭程度是两个重要的影响因素。气温高、处理容器的密闭性好，药剂的汽化效果好，处理效果好；气温低、容器的密闭性不好，则相反。

萘乙酸甲酯可用于窖藏马铃薯、大蒜和洋葱等的处理。将萘乙酸甲酯倒在纸条上，待充分吸收后，将纸条与受熏体放在一起，置于密闭的储藏窖内。取出时，抽出纸条，将块茎或鳞茎放在通风处，待萘乙酸甲酯全部挥发后即可。

2. 植物生长调节剂的合理使用

（1）根据农作物生长调控要求适时用药。

植物生长调节剂的使用具有十分严格的时效性。无论是种子处理、抗倒伏，还是催熟、脱叶、保鲜，药剂的使用都与作物生长的特殊时期密切相关。以小麦和玉米抗倒伏药剂的处理为例，都需要在拔节前期进行处理，玉米的处理时效性要求更严格，需要在玉米 6 ~ 9 片叶展开时进行叶面喷雾处理，过早或过晚都不能起到控制茎基部节间生长的效果，甚至会影响玉米穗器官的发育，造成减产。乙烯利催熟棉铃、棉花脱叶剂的处理等，都需要严格注意适时用药。

（2）正确掌握药剂使用方法和用量。

植物生长调节剂的使用，要求严格按照农药标签进行。喷雾处理要细致均匀，不要漏喷，以保证质量。要特别注意按使用说明书量取农药施用量，使用浓度和单位面积用药量务必准确。由于植物生长调节剂的特殊性，使用时不能随意加大剂量，也不能随意减少药液量，更不能随意增加喷药次数，以免造成药害或农产品品质下降。

第三章 大田作物化学控制技术及其应用

作物生产对保障我国粮食安全、推动国民经济发展具有重要意义。作物是指田间大面积栽培的农艺作物，即农业上所指的粮、棉、油、麻等农作物，因其栽培面积大，地域广，又称为大田作物。传统的作物栽培技术在我国农业发展中起到了十分重要的作用，对解决人们的温饱问题起决定性作用。然而，面对农业逆境出现频率的不断提高以及现代化农业高产、优质、高效和可持续发展的目标，传统栽培技术的一些局限性也显现出来。通过应用植物生长调节剂，影响植物激素系统，调节作物生长发育过程的作物化学控制技术已可在提高作物抗逆性、简化栽培程序、稳定优质等方面发挥作用。

第一节　在水稻上的应用

水稻是我国第一大粮食作物，栽培中常常遇到秧苗素质差、徒长、倒伏、杂交制种花期不遇、制种产量低等问题，采用常规栽培技术解决这些问题成效不大，且费工费时，应用植物生长调节剂调控技术可有效地解决这些难题。

目前，在水稻生产上的化控技术主要应用于培育壮秧、防止倒伏、提高三系法杂交稻制种的产量、化学杀雄等。其中，应用赤霉素提高三系法杂交稻制种产量和化学杀雄这两项技术开展较早，开始于20世纪70年代；而应用多效唑和烯效唑培育壮秧技术在20世纪80年代中后期较为成熟。

一、调节种子休眠

（一）促进种子萌发

刚收获的水稻种子往往发芽势较差，发芽不够整齐。水稻种子储藏条件不适宜，也会使种子发芽受阻，影响成苗率，增加用种量。播种前用生长调节剂处理水稻种子，能刺激种子增强新陈代谢作用，促进发芽、生根，提高发芽率和发芽势，为培育壮秧打下基础。

1. S-诱抗素

S-诱抗素用于水稻浸种处理，具有增强发芽势、提高发芽率、促根壮苗、促进分蘖和增强植物抗逆性的功效。

选用纯度高、发芽率高、发芽势强、整齐、饱满的种子，播前晒 2 ~ 3 d，使用 0.3 ~ 0.4 mg/L 的 S-诱抗素药液，浸种 24 ~ 48 h，温度在 15 ~ 20 °C 左右。种子吸水达到种子重的 40%时即可发芽，清水冲洗后播种。浸种的同时可以与其他杀菌剂如多菌灵和百菌清等混用，可达防病目的。

S-诱抗素的商品制剂有 0.1%水剂和 0.006%水剂，生产应用时每千克种子取 0.006%水剂 5 mL 对水 1 L 稀释后直接浸种处理。

2. 复硝酚钠

复硝酚钠的用途很广，以其浸种能促进种子发芽和发根，打破休眠；用于苗床喷洒能培育壮苗，提高移栽后的成活率；用于叶面喷洒能促进新陈代谢；花蕾期喷洒能防止落花，提高产量，改善品质并提早收获。

水稻种子用 1.8%复硝酚钠 6 000 倍液，即 5 mL 对水 30 L 浸种 12 h，阴干后播种可提高种子发芽率，而且芽壮根粗整齐，促使种子发芽达到快、齐、匀、壮的效果。复硝酚钠浸种处理的种子能提前出苗 1 d 以上，秧田分蘖比对照明显增多，秧苗素质好。

复硝酚钠登记的产品有 0.7%、1.4%和 1.8%水剂等，生产应用时，取 1.8%复硝酚钠水剂对水稀释 6 000 倍即可。

3. 萘乙酸

使用 160 mg/L 萘乙酸溶液浸种 12 h，能增加水稻不定根的数量、根重和根长，提高不同活力的水稻种子的萌发率和活力指数，具有增加分蘖和增加产量的作用。由于萘乙酸的水溶性很好，高含量的萘乙酸生理效果更好，可以使用 80%的萘乙酸稀释 5 000 倍进行水稻浸种。

4. 烯腺嘌呤和羟烯腺嘌呤

烯腺嘌呤和羟烯腺嘌呤应用于水稻、大豆和玉米的浸种和喷雾处理，起到调节生长、增产的作用；用于水稻种子处理时，用 0.006 ~ 0.01 mg/L 药液进行浸种处理；其中早稻浸种 48 h，中稻和晚稻浸种 12 h，可促进水稻发芽，培育壮苗，增强秧苗的抗逆性；能提前成熟 3 ~ 5 d，平均增产 10%左右。

烯腺嘌呤和羟烯腺嘌呤的商品化制剂有 0.000 1%可湿性粉剂，其中烯腺嘌呤和羟烯腺嘌呤分别为 0.000 06%和 0.000 04%，生产应用时用 100 ~ 150 倍稀释液进行种子处理；也有烯腺嘌呤和羟烯腺嘌呤的 0.000 1%可湿性粉剂，使用方法也是用 100 ~ 150 倍稀释液进行种子处理，大田喷雾处理对水稻生长也有效果。

5. 烯效唑

水稻浸种时使用 50 ~ 150 mg/L 的烯效唑溶液浸种 12 h，即用 5%可湿性粉剂 5 ~

15 g 对水 5 L，浸种后能有效降低秧苗株高，促进分蘖时间提早 5 d，分蘖数增加 5 个/株，特别是能够显著促进根系的生长，使根系的吸收能力大大增强，根系活力增加70%。通过提高秧苗素质，能在一定程度上增加水稻籽粒产量。

烯效唑的商品化制剂主要为 5%可湿性粉剂，浸种使用时可以用 5%可湿性粉剂稀释 333 ~ 1 000 倍进行种子处理。

6. 吲哚乙酸·玉米素混剂

吲哚乙酸·玉米素混剂的有效成分主要是吲哚乙酸和玉米素。0.11%吲哚乙酸·玉米素混剂能促进水稻种子的发芽，加快幼苗的生长发育进程。

7. 赤霉素

种子经过选种后，使用 10 ~ 50 mg/L 有效成分的赤霉素药液，浸种 24 h 可提高水稻发芽率，使出芽整齐。

赤霉素的商品制剂除 4%乳油外，还有 10%可溶性片剂等。水稻浸种时，选择 10%赤霉素可溶性片剂，用少量水进行溶解，根据片剂的净重稀释成 20 ~ 40 mg/L 赤霉素溶液处理即可。如片剂的净重为 1 g 时，取一片 10%赤霉素可溶性片剂溶解稀释于 5 L 水中，即得 20 mg/L 的赤霉素药液。

8. 三十烷醇

用 1.0 mg/L 三十烷醇药液浸种，早稻浸种 48 h，中、晚稻浸种 24 h，可促进水稻种子发芽发根，有利于培育壮秧和增强抗逆力。

9. 芸苔素内酯

使用 0.04 mg/L 芸苔素内酯溶液浸种 24 h 后进行清洗催芽，能使发芽率增加 2%，芽长增加 9%；稻苗鲜重和干重分别增加 3%和 10%左右。

由于芸苔素内酯生理活性很高，因此生产上登记开发的芸苔素内酯制剂的有效成分含量很低，主要有 0.1%可溶粉剂、0.01%可溶性液剂、0.01%乳油、0.15%乳油、0.007 5%水剂和 0.001 6%水剂等。使用芸苔素内酯处理水稻种子时，可以使用有效成分在 0.01%左右的制剂稀释为 2 500 倍液进行浸种。

（二）延长休眠，抑制萌发

种子休眠期短的水稻在阴雨季节里成熟收获，种皮虽由于潮湿而处于透气性不良的状态，但雨水中溶解的氧气可以随水分而渗入种子中，尤其在温度较低的情况下，氧气的溶解度增大，能使休眠较浅的种子很快“苏醒”，引起穗发芽。而我国栽培的水稻品种，休眠期一般都较短或不明显，成熟或收获季节遇高温多雨，也容易发生穗发芽，使产量和品质受到影响。我国南方生产杂交水稻种子，穗发芽是一个突出的问题，正常年份穗萌率（穗发芽率）为 5%左右，特殊年份（遇到连续高温阴雨天气）可超过20%，严重降低了种子质量。尤其在四川杂交水稻繁殖制种中，常用的不育系（如冈

46A）休眠期短，加之施用赤霉素打破了种子的休眠，在种子成熟后期遇连续阴雨更易发生穗萌，自然穗萌率在 2%～15%之间，高的时候达到 70%左右，直接影响种子的商品质量和发芽率。如何防止杂交水稻制种时穗萌已是杂交水稻繁殖制种急需解决的问题。

生产上除了用催熟剂处理提前收获外，还可用植物生长调节剂延长休眠，抑制萌发。在杂交水稻繁殖制种或杂交水稻制种 F1 代的乳熟末期喷施 70 mg/L S-诱抗素溶液，每亩药液用量为 30～50 L，可有效防止穗萌。

应用时可以取 1% S-诱抗素可溶性粉剂，稀释 150 倍，得到 70 mg/L S-诱抗素溶液，进行叶面处理即可。

二、培育壮秧

（一）增蘖促根，培育壮苗

禾谷类作物产量构成因素包括每亩穗数、每穗实粒数、粒重。水稻的每亩穗数除取决于密度外，还与单株分蘖力有关，而增强水稻单株的分蘖力对于提高穗数从而增加产量具有重要意义。水稻壮秧的标准是“矮壮带蘖、栽后早发”，这也是稻作高产工程的基础。除了用栽培管理措施来促控分蘖外，还可施用植物生长调节剂促控分蘖。

1. 多效唑

1982 年我国开始在水稻上应用多效唑，可增加分蘖数，植株矮化抗倒伏，提高产量。水稻扎根后 2～3 d 撒施含多效唑的颗粒剂，可使秧苗矮壮，分蘖多，叶短而宽，尤其是在多肥和密播条件下，叶片生长快，秧苗素质仍较好。由于多效唑处理后可使秧苗带较多的分蘖，这个优势在移栽到大田后仍能保持，一直延续到生育后期，所以有效穗数增多，产量也略有提高。多效唑之所以使秧苗矮化，是因为多效唑使秧苗体内的赤霉素和生长素含量下降，乙烯释放量增加。

20 世纪 80 年代我国建立了多效唑培育水稻壮秧的生产应用技术，并在全国稻区先后组织示范推广“多效唑控制连晚秧苗徒长”和“多效唑培育水稻壮秧技术”。

（1）技术效果。

① 控制秧苗伸长。多效唑对水稻秧苗生长有十分显著的控制作用。对全国 60 余个水稻品种/组合 1 000 多个点的试验，无论是籼稻、粳稻还是糯稻，无论是常规品种还是杂交组合，多效唑都能有效控制秧苗伸长。品种/组合间受多效唑控制的程度不同，这主要取决于各品种/组合秧苗自身的长势（生长速度），与所属亚种是籼稻还是粳稻关系不大，与供试材料是常规品种还是杂交组合关系也不大。

多效唑控制长势主要是降低了秧苗的生长速度，如釉优 6 号的日伸长量由 1.4～1.6 cm 降至 1.0～1.2 cm。在一定浓度范围内，多效唑对秧苗日伸长量控制的有效期为 35 d 左右，此后赶上并渐渐超过对照秧苗，出现“反跳”现象。处理秧苗与对照的株高差异约于移栽后 10～15 d 消失。

多效唑对第 6 叶的控长率最低，为 5.3%，对第 10 叶（移栽时最上部的一片完全叶）

的控长率最高，可达 27.3%。多效唑对秧苗主茎的控长率高于分蘖。多效唑对根系发育有促进作用，根数、根量均增加 20%，而且与对照相比，根系分布较集中于土壤表层，不增加拔秧的难度。

② 增加分蘖。多效唑促进秧苗分蘖的效应显著。播量每亩 10.0 kg 的籼型杂交组合秧田，多效唑处理的分蘖可增加 50% ~ 100%。如籼优 6 号 45 日龄秧苗一般单株带蘖 3.0 ~ 3.5 个，多效唑处理可增加到 5 ~ 8 个/株。

多效唑增加秧苗分蘖的原因，以籼优 6 号秧苗为例：一是提早分蘖，处理分蘖发生较对照早 4 ~ 6 d；二是分蘖出生快，对照平均每百苗每天出生约 10 个分蘖，处理可提高到 12 ~ 16 个；三是分蘖死亡率低，对照分蘖死亡率为 30%左右，处理为 18% ~ 20%。

多效唑增加秧苗分蘖的效果与品种和播种量有关。如晚粳稻的播量为每亩 40 ~ 50 kg，杂交稻一般为每亩 10.0 kg，多效唑对杂交稻的促蘖效应远高于晚粳稻。

③ 抑制秧田杂草。多效唑对秧田杂草生长的抑制作用远比对秧苗大，除了完全杀死一些杂草外，其他多数杂草的生长严重受抑，在苗草生长竞争中逐渐死亡。但这种对杂草的抑制作用仅在秧田有效，若将生长受到抑制的稗草移到大田，仍会加剧危害，可能产生“反跳”现象。

④ 减轻移栽后败苗。移栽后败苗的形态表现为叶片黄萎和分蘖迟。总体来看，多效唑处理的秧苗移栽后老叶不卷不萎，新叶生长不停顿，栽插后分蘖早。大田调查，籼优 6 号移栽后 5 d 单株枯叶率为 49.1%，多效唑处理的秧苗为 5.1%。移入本田后，处理比对照早分蘖 4 ~ 5 d。多效唑减轻栽后败苗的原因可能在于秧苗发根力强，叶片蒸腾量低，有助于维持生理水分的平衡。

⑤ 增穗增产。多效唑培育壮苗技术的增产幅度为 8% ~ 15%。原因在于：因秧田分蘖多、本田分蘖早，使单位面积穗数增加；由于大分蘖增加、穗部性状好，使穗粒数增加。

（2）技术要点。

多效唑壮秧的技术要点概括起来是：“一二三，水要干。”即在秧苗 1 叶 1 心期，每亩均匀喷施浓度为 300 mg/L 的多效唑溶液 100 L；同时放掉秧田水层，次日按生育需要供水。

早、晚季稻都是在秧苗 1 叶 1 心期（约为播后 5 ~ 8 d）施用。实验表明，从浸种到 7 叶 1 心期使用多效唑都有“控长、增蘖”的效应，以 1 叶 1 心期为最佳，推迟会降低效果。建议在立芽期至 2 叶期使用，宁早勿迟，可能与秧苗生长发育过程特点有关。另外，此时喷施大部分药剂是施在土壤中，有利于秧苗对多效唑的吸收。

在 100 ~ 500 mg/L 范围内，随着多效唑浓度的提高，秧苗株高递减，单株分蘖数呈抛物线形增加，分蘖高峰点在 300 mg/L。300 mg/L 多效唑处理，秧苗高度下降、分蘖数增加、生长量与对照相似。施用浓度超过 700 mg/L，秧苗生长量下降过多，抑制过头，恢复生长较慢。因此，多效唑培育壮秧的适宜浓度为 300 mg/L。

多效唑主要通过根系吸收，所以喷施时用水量要比喷施一般农药时多，以每亩 100 L 为宜。另外，还要根据秧龄长短来考虑药液量的多少，秧龄长要多喷，秧龄短要少喷，一般在 50 ~ 100 L 之间变动。

试验证明，15%多效唑可湿性粉剂 200 g（有效成分 30 g）拌土 15 kg 撒施、300 mg/L 多效唑药液浸种 36 h、1 叶 1 心期 300 mg/L 多效唑喷施三种方式处理，喷施效果最好。撒施不如喷施均匀度高，浸种的控长分蘖有效期仅 15 d 左右，相当于喷施的一半。

（3）影响技术效果的因素和配套技术。

① 播种期和播种量。多效唑不延迟晚粳稻的齐穗期，促进抽穗整齐，加快灌浆速度。但多效唑延迟杂交稻始穗 3 ~ 4 d，齐穗期延迟 1 ~ 2 d。其原因主要是多效唑处理后的杂交稻，主茎叶片数增加了 0.5 ~ 1.0 片。因此，使用多效唑的杂交稻秧田应适当提早播种。

杂交晚稻秧田播种量低，一般为每亩 8 ~ 10 kg；晚粳、糯稻秧田播种量高，一般为每亩 40 ~ 50 kg。晚粳、糯稻秧田喷施多效唑的效应随播种量提高而下降，提倡晚粳稻、糯稻秧田的播种量不超过每亩 30 kg。

② 施肥期与施肥量。植株含氮量较高时合成赤霉素较多，氮素可颉抗多效唑的控长效应。多效唑处理的秧田分蘖多，分蘖发生早而快，始蘖期较对照提早 3 ~ 5 d，最高分蘖数多，但后期分蘖消亡率也较高。因此早施、重施分蘖肥，尤其是多施磷、钾肥对多效唑促蘖成穗有很大作用。

③ 秧板平整程度和灌水情况。如果秧板面不平，喷施多效唑后药液流向低处，造成移栽时秧苗高矮不一。另外，若处理时秧板上有水层，药液易流失。同一浓度多效唑对旱秧（不定期间歇供水）控长率为 40.7%，对水秧（秧田面一直保持 2 ~ 3 cm 水层）的控长率为 31.2%。

④ 翻耕插秧。经多效唑处理的连作晚稻秧田不宜“拔秧留苗”，应翻耕后插秧。多效唑处理的籼优 6 号秧田沟边留苗稻，平均每丛稻实粒数为 1 554.2 粒，畦中间留苗稻每丛实粒数为 1 004.5 粒，经处理的秧田翻耕后插秧的，每丛稻实粒数为 1 256.5 粒，比未经翻耕的畦中间留苗稻增加 252 粒。

⑤ 气温。日均温度 20 °C 以下，多效唑的控长率低于 20 °C 及以上条件时，气温高至 30 °C 控长率也有所下降。

（4）技术评价。

多效唑应用于水稻秧田具有壮秧促蘖的效果是肯定的，但应注意以下问题：

① 残留和残效。由于多效唑残留，杂交稻拔秧留苗田的秧苗生长受抑制，产量下降，因此处理的连晚稻秧田不宜“拔秧留田”。有些地区多效唑的残留影响后季稻或后茬秋大豆等作物的生长发育。

② 影响水稻生育期。多效唑对晚粳稻具有促进抽穗、齐穗、加速灌浆的效果；而对杂交稻有延迟抽穗、齐穗的作用。因此，使用多效唑的杂交稻秧田应适当早插。

多效唑的商业化开发较早，登记生产的企业也非常多，主要的剂型产品有 5%悬浮剂、10%可湿性粉剂、15%可湿性粉剂和 25%悬浮剂等，以 15%可湿性粉剂为主。在水稻上可用于育秧田控制生长，也可以用于本田的控制倒伏。生产应用时可以使用 15%

可湿性粉剂稀释 500～750 倍，即得 200～300 mg/L 的多效唑溶液，对秧苗进行叶面喷雾处理即可。

2. 烯效唑

烯效唑延缓生长的生物活性比多效唑高 2～6 倍。60～100 mg/L 烯效唑在 1 叶 1 心期喷施，可达到与多效唑同样的效果，在水稻培育壮秧上已逐渐取代多效唑。

（1）技术效果。

① 延缓秧苗生长、使秧苗矮化健壮（见表 3-1）。一般烯效唑浸种处理后 20 d 内，秧苗生长速度明显低于对照。随着时间的推移，控长效应逐渐减弱，秧苗日增长量赶上并超过对照，到 50 d 时苗高已接近对照。

表 3-1　烯效唑对苗高日增长量和控长率的影响

日期（日/月）	苗高/cm			日增长量/cm	
	清水对照	20 mg/L	控长率/%	清水对照	20 mg/L
10/4	7.01	4.08	41.80	0.701	0.408
20/4	8.55	4.96	41.99	0.154	0.088
30/4	11.40	9.77	14.30	0.285	0.481*
10/5	22.29	21.69	2.69	1.089	1.192
20/5	35.03	34.47	1.60	1.274	1.278

注：*表示秧苗日增长量赶上并超过对照。

烯效唑的控长效应与种植密度有关，随着密度降低，烯效唑控长效应持续时间延长，高密度下（6.6 cm×3.3 cm）20 mg/L 烯效唑的控长有效期为 30 d，中密度下（6.6 cm×4.05 cm）为 40 d，低密度下（6.6 cm×6.6 cm）其控长效应有效期更长，在 50 d 时其控长率还达 6.09%。

② 分蘖早。烯效唑浸种后，促进了分蘖提前发生。随播期推迟，温度升高，促蘖效果好，一般可比对照早分蘖 4 d 左右。提早分蘖，有利于低节位分蘖的发生，从而使分蘖发生早而多，浸种后 25 d 促蘖率能达到 60%以上，最终导致单株分蘖增加。烯效唑浸种后，本田早期分蘖速度加快，且分蘖个数较多，为高产群体奠定了基础。

③ 控冠促根，根多活力高。烯效唑浸种能促进根系生长，根重增加而地上部分干重降低，根冠比和秧苗粗壮度增加，秧苗呈现壮苗长相。处理 31 d 后测定，用 10～30 mg/L 烯效唑浸种处理，根系活力提高了 50.2%～74.2%。

（2）增产效果。

水稻经烯效唑浸种后，在不同区域和不同品种上表现出了良好的增产稳定性（见表 3-2）。

表 3-2　烯效唑浸种对水稻产量及构成的影响

处理	产量/（kg/亩）	穗数/（穗/丛）	着粒数/（粒/穗）	实粒数/（粒/穗）	结实率/%	千粒重/g
对照	407.5	11.9	72.2	56.0	77.5	26.05
分蘖肥	446.2	12.5	80.5	57.1	70.9	25.73
烯效唑浸种	436.4	12.7	79.2	58.3	73.6	26.15
烯效唑浸种+分蘖肥	476.5	13.6	86.4	59.0	69.2	25.61

（3）烯效唑浸种化控栽培技术。

水稻种子用烯效唑药液 20 ~ 50 mg/L 浸种，种子量与药液量比为 1∶（1.2 ~ 1.5），浸种 36 h（24 ~ 48 h），每隔 12 h 拌种一次（以利于着药均匀），稍清洗后催芽播种。浸种浓度因种而异，浸种期间注意搅拌，药剂浓度＞100 mg/L 浸种，发芽势下降，将推迟 8 ~ 12 h。

水稻烯效唑浸种常规配套栽培技术为：一是适当提前浸种以确保按时播种；二是秧苗分蘖增多，在保证适宜基本苗的情况下，可适当扩大栽插行距；三是秧苗根系多，地上部矮健，起苗时带土较多，适宜进行“定点抛秧”。

以烯效唑为主要成分，与杀菌剂、微肥（B、Zn 等）进行复配而形成的种子处理剂、包衣剂、壮秧剂也在生产中得到广泛应用。如四川以复配产品水稻浸种剂作为烯效唑的应用途径之一，在彭州、江油等地进行了水稻浸种剂的小区试验和生产试验的结果表明，浸种 1.0 kg 稻种的水稻浸种剂最佳用量为 2.5 g（含烯效唑 20 mg），彭州试验点增产 40 kg/亩，增幅为 6.74%；江油试验点增产 48.9 kg/亩，增幅为 8.03%；使用浸种剂能促进秧苗生长、分蘖，在 4 叶 1 心期表现为苗矮叶宽多蘖壮秧，水稻苗高和穗长均增加，并能提高结实率和经济系数；水稻浸种剂操作简便，投入少，增产增收效果好，产投比高，具有较好的市场前景。因此，烯效唑的使用方法：一是可直接用 20 mg/L 烯效唑浸种；二是可用烯效唑复配产品。

5%可湿性粉剂稀释为 1 000 ~ 2 500 倍液即得到 20 ~ 50 mg/L 烯效唑溶液，对水稻进行浸种处理。

3. 乙烯利

在水稻秧田期使用乙烯利处理能起到提高秧苗素质、控制秧苗高度等生理作用。上海市农科院等曾经推荐使用 1 000 mg/L 乙烯利控制连作晚稻秧苗徒长。

（1）技术效果。

① 提高秧苗素质。乙烯利处理能显著提高水稻秧苗素质，秧苗基部宽度和单位长度干重明显增加，叶鞘内养分积累增多，“扁蒲”粗矮。秧苗出叶速度加快，叶色深绿，单叶光合效率明显高于对照。以双丰一号为例，处理后 20 d，秧苗叶片数达 9.8 片，对照仅 9.2 片。秧苗移栽前和移栽后，根系吸收能力增强，单株发根力强，根量多，返青快。

② 控制后季稻秧苗的高度。从喷药时期看，后期喷用较前期喷用效果好。喷药次数则以喷 2 次较好，秧苗高度控制在 40 cm 左右，比对照秧苗矮约 10 cm，下降 25%左右。乙烯利处理秧苗受控的叶位符合“n+2”的规律，即施药时的叶龄为 n 时，受控叶位为“n+2”。

③ 减轻拔秧力度。在拔秧前 15 ~ 20 d 时，用浓度为 1 000 mg/L 的乙烯利喷洒水稻秧苗，拔秧容易、省力，拔秧速度比对照快 30 ~ 40 倍，移栽后新根发生也快。测定秧苗内源激素表明，处理的秧苗乙烯释放量和脱落酸含量都显著高于对照，赤霉素、细胞分裂素含量和对照差别不大。乙烯和脱落酸含量增加，可能是使秧苗变矮、根系受控的生理原因。

④ 促进移栽后早发。移栽后，返青快，发根快，单株发根力强，根量多，根系吸收能力增强。

⑤ 提早抽穗。幼穗分化进程亦加快，处理的比对照提早抽穗约 2 d，有利于避开低温危害。据研究，如果晚季稻齐穗期相差 2 d，即由 9 月 23 日推迟到 9 月 25 日，低温危害率从 27%上升到 45%。

⑥ 增加产量。大田试验表明，乙烯利处理秧苗水稻增产率达 5% ~ 10%。

（2）应用技术。

乙烯利处理后季稻秧苗，主要应用于秧龄较长的双季或三熟制连作晚稻的秧苗。用药量为每亩用 40%乙烯利原液 125 ~ 150 g，均匀喷在秧苗上。喷药时，可以根据具体情况加适当倍数的水，包括可用原液进行超低量喷雾，但喷洒要均匀。喷药时期以水稻秧苗长有 5 ~ 6 叶片时为最好，也就是在拔秧前 15 ~ 20 d 用药最为合适。喷药后 2 h 内无雨，即为有效。喷乙烯利的秧苗，必须是在落谷稀（每亩播种量 50 kg 左右）、培育壮秧基础上才能收到较好的效果；对于播种量太高、秧苗过密、苗较弱的田块，不宜喷用乙烯利。

（3）技术评价。

乙烯利所释放的乙烯促进秧苗发育，常发生“早穗”，只有掌握在拔秧前 15 d 左右使用才能免除这一副作用。可是早稻收获期不易掌握，如果早稻晚熟，则晚稻秧苗会发生早穗的危险；乙烯利只能控制粳稻、糯稻秧苗的生长，对籼稻无效。

4. 复硝酚钠

复硝酚钠用于种子浸种，能促进发芽和发根，消除休眠状态；用于苗床喷洒能培育壮苗，提高移栽后的成活率；用于叶面喷洒，能促进新陈代谢，提高产量；用于龙蕾喷洒，能防止落花、改善品质并提早收获。

在水稻幼苗移栽前 5 ~ 7 d 用 1.8%复硝酚钠水剂稀释 6 000 倍液喷秧苗能促进秧苗壮苗。复硝酚钠登记的产品有 0.7%、1.4%和 1.8%水剂等。

（二）控制徒长，防止倒伏

倒伏问题也是水稻高产的限制因子之一。虽然随着矮秆水稻品种的培育，倒伏问题有所缓解，但是近年来一些优质水稻株高在 1 m 以上，加之插植密度稍大，或者多施氮肥以求高产，也有倒伏发生。如抽穗后遇大风，植株更易倒伏。随着节本高效栽培技术的发展，人工和机械抛秧逐渐取代插秧，但是抛栽秧苗入土较浅，后期更易发生倒伏。近年来直播稻和旱稻有所发展，但倒伏严重，限制了产量与收获效率的提高。

1. 多效唑

（1）施用时间。

拔节期，即抽穗前 30 d 施用多效唑控制节间伸长、增加节间重量及控制株高、防止倒伏的效果最佳。过早或过晚使用，效果均不佳。

（2）施用浓度。

拔节期使用多效唑的浓度越高，控制株高的效果越明显，但穗型也随之减小，每穗总粒数下降，单位面积穗数也有下降趋势。若多效唑浓度达到 700 ~ 800 mg/L，则叶片畸形，叶色墨绿，严重包颈。因而多效唑浓度不宜超过 500 mg/L，以每亩喷施 300 mg/L 的多效唑药液 60 kg 为宜，有效成分量为每亩 20 g 左右。

（3）技术效果。

在水稻拔节前一个叶龄期，每亩大田施用 20 g 左右的多效唑，可使节间粗短，植株重心位置降低，下弯力矩小，抗弯性随之提高；基部节间纤维素和木质素含量增加，增加茎纤维木质化程度；茎壁和机械组织增厚，机械组织发达，减少田间郁闭，增加通风透光度，能有效防止倒伏。

（4）技术评价应用。

多效唑防止水稻徒长效果显著，但能否增产取决于对照是否倒伏，在不倒伏情况下，使用多效唑反而减产。原因是拔节前施多效唑在抑制节间伸长时，也抑制了幼穗发育，穗型小，穗粒数少，偏前偏后（拔节前和拔节后）使用对穗的影响降低，但防倒效果不佳。所以只有在生长过旺的田块应用多效唑，才有既防倒伏又增加产量的效果。

生产应用时可以使用 15%可湿性粉剂稀释 500 倍，即得 300 mg/L 多效唑溶液，对秧苗进行叶面喷雾处理即可。

2. 矮壮素·烯效唑混剂

矮壮素·烯效唑混剂是中国农业大学作物化学控制研究中心研究开发的水稻抗倒增产调节剂新产品。30%矮壮素·烯效唑微乳剂用于水稻生长调节的主要作用有：① 控制基部节间伸长，降低株高，主要缩短基部第二、第三节间伸长，对上部节间作用不明显，茎节间增粗，抗折力增强，抗倒伏能力增强；② 促进根系发生和提高根系活力，促进根系从土壤中吸收养分与矿物质元素；③ 促进叶片光合作用，同化物合成和输出能力加强，用药后水稻叶片浓绿，生理功能增强。

试验结果表明，30%矮壮素·烯效唑微乳剂对调节水稻生长、增产均有效果，对水稻调节生长时间应掌握在水稻拔节前 15 d 左右，在拔节前 10 ~ 15 d 应用既能起到有效控长作用，又能提高水稻结实、增加产量。在全国不同的生态区，多个代表性的水稻品种均有稳定的矮化、抗倒伏和一定的增产作用。

（三）促进光合，提高产量

促进水稻生长后期植株的光合作用，促进同化产物向籽粒运转与积累，也是水稻生产管理的主要目的。在水稻的中后期生产管理中，可以应用的植物生长调节剂主要有：

1. 赤霉素

在水稻有效分蘖终止期进行赤霉素喷施处理，20 ~ 50 mg/L 赤霉素可起到控制分蘖发生、减少无效分蘖、促进主茎和大分蘖生长的效果，使每亩有效穗数和产量提高。

商品制剂主要有 85%结晶粉、4%乳油、20% ~ 40%可溶性粉剂、40%可溶性片剂等。

2. 芸苔素内酯

水稻的初花期喷施 0.005 ~ 0.020 mg/L 芸苔素内酯后，剑叶中的叶绿素、可溶性糖、淀粉含量提高，光合速率增强，灌浆速率增大，结实率和千粒重增加，增产 10% ~ 12%。明显延缓叶片中总核酸和 RNA 降低的速率，延缓衰老并维持较高的光合速率。芸苔素内酯用于水稻生长调节的有效使用浓度范围较宽（0.025 ~ 0.1 mg/L），在水稻不同的生育期进行叶面喷雾 1 ~ 3 次。

由于芸苔素内酯生理活性很高，因此生产上登记开发的芸苔素内酯制剂的有效成分含量很低，主要有 0.1%可溶粉剂、0.01%可溶性液剂、0.01%乳油、0.15%乳油、0.007 5%水剂和 0.001 6%水剂等。

3. 复硝酚钠

复硝酚钠在水稻上的应用除了可以用于种子浸种促进发芽和发根，消除休眠状态外，还能用于秧田期苗床喷施培育壮苗，提高移栽后的成活率。在水稻的生长期叶面喷施，能促进新陈代谢，提高产量，改善品质并提早收获。在水稻幼穗形成期、齐穗期各喷施 1 次，花穗期、花前后各喷 1 次 1.8%复硝酚钠水剂 1 000 ~ 2 000 倍液，即 15 ~ 30 mL 对水 30 kg 喷施水稻，能调节水稻生长并提高产量。复硝酚钠登记的产品有 0.7%、1.4%和 1.8%水剂等。

4. 烯效唑

用 20 mg/L 烯效唑浸种或 20 mg/L 烯效唑于孕穗期喷施，均可提高剑叶叶绿素含量，延缓剑叶叶片衰老，促进叶片输出可溶性糖，促进弱势粒灌浆，显著提高每穗实粒数，增产。

三、在提高三系法杂交稻制种产量上的应用

杂交稻的成功是种植业的一项革命，但传统的杂交稻三系育种法存在的问题有：一是不育系包颈现象严重，严重地影响了异交结实率（包颈是籼型杂交水稻不育系固有的遗传特性，常使穗颈节缩短 10 cm 左右）；二是父母本花期不遇、花时不遇、穗层分布不合理（母本高于父本）及柱头外露率低等都不同程度地影响着异交结实率，影

响制种产量和效益。赤霉素处理成为杂交稻制种技术中一项必不可少的高产措施。

（一）赤霉素打破不育系的包颈现象

由于母本包颈，只有部分穗粒外露。包颈的原因是内源赤霉素水平偏低，穗颈下节间（倒一节间）居间分生组织细胞不能正常伸长，其长度小于剑叶叶鞘长度。

应用技术为：在花期相遇的条件下，施用赤霉素最有效的时间是母本见穗 5%时，先喷父本，采用 85%赤霉素结晶粉，用量为每亩 2 ~ 3 g，再父母本同时喷，用量为每亩 4 ~ 5 g，第 3 d 再每亩喷 6 ~ 7 g，总用量为每亩 12 ~ 15 g。为保证杂交稻种子产量和质量，赤霉素总量一般每亩不宜超过 15 g。近年的资料和生产调查发现，赤霉素用量增加，在日均温度 25 °C、花期相遇良好的情况下，每亩使用 12 ~ 16 g。

1. 喷施赤霉素的时期

不育系抽穗是依靠穗颈节间的伸长而实现的。当不育系由营养生长转入生殖生长时，随着幼穗的逐步分化发育，穗颈节间居间分生组织细胞不断分裂和伸长，使节间不断伸长，其中以穗分化Ⅷ期伸长最为显著。由于始穗期多数个体处于幼穗分化的Ⅶ期和Ⅷ期，因此按照群体器官的同伸规律，选择群体见穗（包括破口穗）5%左右彻底进行去杂，再喷施赤霉素效果最好。使用过早，会导致倒 2、3 节间过度伸长，植株过高，造成拔节不抽穗，即使抽穗，穗子变白，下部颖花大量退化，小分蘖难以抽出，易倒伏和诱导穗发芽；使用过迟，用量大、成本高、穗下节老化不易伸长，难以解除母本包颈现象，造成柱头外露率和异交结实率低，产量不高。

在生产实践中要根据不同亲本对赤霉素的敏感性，掌握适当的应用时期。在花期相遇较好时，威优系列组合母本见穗 13% ~ 18%，汕优系列组合母本见穗 8% ~ 15%，金 23A、I-32A、优 A 等系列组合母本见穗 15% ~ 25%，进行第一次喷施。

2. 喷施次数及各次用量的确定

赤霉素进入植株体内，一般不能长期保持其原有状态，会由于酶促作用或其他化学反应而分解，也可能因吸附作用或解毒作用而由活动状态变为不活动状态。赤霉素效应期只有 4 ~ 5 d，而最大效应期一般出现在喷施后的第 3 ~ 4 d。因此，喷施赤霉素次数不宜过多，每次间隔的时间不宜过长，一般以 3 d 内连续喷施 3 次效果最佳。第一次用总用量的 20%，第二次用 30%，第三次用 50%，能充分发挥赤霉素的累加效应。如遇阴雨天不能及时喷施，母本抽穗超过了第一次喷施赤霉素的标准时，应在原用量的基础上，每亩酌情增加 3 ~ 5 g，并将第一次用量增加到总用量的 30%。

3. 赤霉素总用量的确定

赤霉素的用量要根据亲本的自然卡颈程度、对赤霉素的敏感性以及喷施时的天气情况而定。花期相遇正常田块用量掌握在每亩 15 ~ 18 g。随着制种技术的提高，行比加大，有效穗增加及使用时间推迟，应适当加大赤霉素的用量。用量过大，杂交种子在催芽时可能只发芽不生根，并出现类似恶苗病的徒长苗；用量过低，不利于提高制种产量。对包颈率比较低的 80-4A 施用量为每亩 6 ~ 8 g、7001S 为每亩 8 ~ 10 g、协青早 A 为每亩 10 ~ 12 g、珍汕 97A 为每亩 12 ~ 16 g。对赤霉素敏感如 D 优 10 号的亲本，使用宜晚（一般幼穗分化后期至始穗期），用量略减；对赤霉素不敏感的品种，使用宜早，用量也应增加。另有报道认为，对卡颈率低、柱头外露率和异交结实率较高的Ⅰ-32A、优ⅠA、金 23A 等亲本施用每亩 18 ~ 20 g，V20A、珍汕 97A 施用每亩 25 ~ 30 g，培矮 64S 等两系母本每亩施用 30 ~ 35 g。

施用赤霉素时，同时使用赤霉素增效剂，可增强赤霉素的吸附力，起到减少赤霉素的用量、提高使用效率、节约成本、增加产量的作用。

4. 喷施赤霉素的天气及时间选择

在晴天施用赤霉素，并应在上午扬花授粉前喷施为宜，因为在上午喷施后，随着气温由低到高，叶面角质层透性增加，对赤霉素的吸收量加大，也可避免因暴晒造成药液很快干燥，影响赤霉素的吸收。

5. 决定赤霉素使用剂量、使用次数及间隔天数的因素

应根据大田穗层结构、组合类型、群体大小、禾苗的嫩绿程度及使用时间的早迟来确定赤霉素的使用方法。以 V20A 为例，如第一次喷施时见穗 15%，则第一次喷 40%，第二天喷第二次，用量 60%；若群体过大，叶色十分嫩绿，应间隔 1 d 或分 3 d，3 次按 30%、40%和 30%的比例进行喷施。如 V20A、珍汕 97A 第一次喷施时抽穗已达到或超过 20%，金 23A、Ⅰ32A、优ⅠA 等抽穗已达 25%时，第一次用 60%，第二次用 40%，连续 2 d 分 2 次喷完。如遇雨天等特殊情况，不能按计划喷施，V20A、培矮 64S 等不育系抽穗达 30%以上，金 23A、Ⅰ-32.A、优ⅠA 等抽穗达 40%以上的，应在原用量的基础上每公顷增加 60 ~ 90 g 赤霉素，一次性喷施。

（二）促进父母本花期相遇

在杂交稻制种中，父母本虽按预定的播种差期播种，但在生长发育过程中，因受气候、土肥、秧苗素质、栽培管理及病虫害等因素影响，常使父母本预定的花期有所变动，导致花期不遇，造成减产或失收。

1. 促进开花

应用赤霉素和多效唑可以有效调节水稻开花，使母本、父本花期花时协调。基本方法是用赤霉素等促进剂加快抽穗延迟一方的发育，用多效唑延缓抽穗较早一方的发育，并要考虑到母本抽穗和父母本穗层分布的问题。

晚稻生育后期，易出现低温寒潮天气，对其抽穗扬花非常不利。特别是迟播的田块，抽穗迟，开花迟，产量低。喷施赤霉素能有效解决这一问题。在抽穗 10%左右时，每亩用赤霉素有效成分 1.5 ~ 2.0 g（若穗数多，可增加 0.2 ~ 0.5 g），兑水 40 ~ 50 L 稀释，于早上、阴天或傍晚施叶面。与对照相比可促进晚稻穗下节间伸长，减少包颈，提早抽穗 3 ~ 5 d，有利于授粉结实。

注意事项：喷施赤霉素时最好每亩加 100 g 磷酸二氢钾一起喷施；喷药次数只能一次，喷多次有不利影响；一些营养生长旺甚至贪青迟熟的田块不能施用；喷施时要保持浅水层。

2. 调节花期，提高制种产量

杂交水稻制种存在父、母本花期不遇等问题，不利于异交授粉，降低结实率，从而影响制种产量。用赤霉素、三十烷醇以及茉莉酸甲酯等植物生长调节剂能有效地解决这一问题，目前已成为各地杂交水稻制种提高结实率、夺取高产的一项关键性措施。

（1）赤霉素。

① 选择合适的药剂。喷施赤霉素前，除了做好喷雾机械的维修外，选择合适的赤霉素药剂十分重要。可供选择的赤霉素制剂可以是商品化的 4%赤霉素乳油和可湿性粉剂、40%赤霉素水溶性粉剂、40%赤霉素水溶性片剂、20%赤霉素可溶性粉剂等。但是，尽量不要选择浓度过高的 85%赤霉素结晶粉，因为溶解稀释的时候不太方便。

② 确定喷施时期。一般在剑叶叶枕距平均值达 3 ~ 5 cm 或抽穗 5% ~ 10%时施用。

③ 确定赤霉素用量。在气温方面，当日平均气温≥25 °C 时，花期相遇良好的情况下，一般每亩喷施赤霉素 12 ~ 16 g，可达到预期效果。当温度低于 25 °C，在 22 °C 左右时，或用过多效唑调节花期的杂交水稻制种田，赤霉素的用量应有所增加，一般每亩用量为 20 ~ 28 g，才能达到预期效果。因为多效唑有抑制细胞伸长的作用，故必须加大赤霉素的用量才能打破多效唑抑制细胞伸长作用，使穗伸出剑叶，便于父母本授粉。对赤霉素敏感的亲本品种如 D 优 10 号的亲本，使用宜晚，用量减少，一般在幼穗分化后期（第八期）至始穗期使用，每亩用量掌握在 12 ~ 18 g 之间；反之，对赤霉素不敏感的亲本品种，使用宜早，用量应有所增加。在适宜使用赤霉素的时期，早用宜少，晚用宜多。使用超低容量喷施赤霉素溶液呈露状，能够均匀地分布在植株表面上，易被植株吸收。使用普通喷施方法时用量宜多，因喷出的溶液不呈雾状而颗粒较大，不易被植株充分吸收。因此，喷施时应做到尽量均匀，同时加施微量元素及增效剂，有助于提高赤霉素的施用效果。

④ 确定赤霉素使用次数。生产上应根据亲本生长情况确定使用次数。父母本生长进度一致、花期相遇良好、稻苗生长整齐的赤霉素使用次数和用量宜少，一般为 3 ~ 4 次，每次用量一般掌握前轻、中重、后稍轻，最后一次稍重。相反，父母本生育进度不一致，父本早母本迟的宜促母本控父本，父本迟母本早的应促父本控母本，使用次数宜多，用量也相应增加。

⑤ 配套技术。在配好所用的赤霉素药液后，可在每亩药液中加磷酸二氢钾 1.0 ~ 1.5 kg，有利于提高千粒重；也可在赤霉素药液中加 20 ~ 50 mL 的 1%萘乙酸，可减少使用 85%赤霉素左右。

注意事项：① 赤霉素不能与纯碱、氨水、石硫合剂等碱性物质混合，但可与尿素、过磷酸钙、乐果、敌百虫等混合；② 赤霉素溶液应置于低温干燥处保存，最好是随配随用，不要久存，以免赤霉素溶液失去活性，影响其使用效果。

（2）三十烷醇。

三十烷醇的主要作用是促使母本花时提前，并与恢复系花时相遇。不育系经三十烷醇处理后，其母本午前的开花数可提高 13%～22%，从而提高父母本之间授粉、受精的机会，使每穗实粒数和结实率均比对照提高 27%～28%。三十烷醇是通过腺三磷（ATP）能量储积调节不育系提前开花，使之与恢复系花时相遇机会增加。三十烷醇与赤霉素混用，既可提高能量代谢水平（促使提前开花），又促进穗颈伸长，两者发挥协同效应，从而增加了授粉机会，使结实率和产量提高。

① 使用方法。三十烷醇在杂交水稻制种上施用的浓度一般为 0.5～1.0 mg/L。当父母本都处于始穗阶段时，在下午 3～4 点后喷施母本植株叶片（双面），隔 7～10 d 后，于盛花初期再喷 1 次，一般可增产 10%以上。三十烷醇与 25 mg/L 赤霉素混用后，增产效果比单独使用赤霉素增加 1 倍，增产达 2 成以上。

② 注意事项。喷施时对父本不必采取隔离或覆盖等措施，因为三十烷醇不影响父本的开花习性；三十烷醇与赤霉素混用时，一般喷 2 次比喷 1 次增产幅度大一些。

（3）茉莉酸甲酯。

① 使用效果。茉莉酸甲酯对杂交水稻不育系开花具有明显的诱导效应，可使其在一天中开花出现明显的高峰，并能和父本的开花高峰重叠，使制种产量大幅度提高。试验表明，经茉莉酸甲酯处理过的制种田要比经赤霉素处理过的增产 76%～139%。一般每亩使用茉莉酸甲酯 16 g，先用少量酒精溶解，加水配制成 30～50 L 药液，在开花盛期对不育系喷雾。茉莉酸甲酯的应用，为解决杂交水稻制种中存在的父母本花时不遇问题开辟了一条行之有效的新途径。

② 使用技术。一般按每亩 16 g 的用量，经少量酒精或高度白酒溶解后，加清水稀释至需要的喷药量，在开花盛期（抽穗 50%）对不育系进行喷雾处理，即可达到预期效果。

（4）芸苔素内酯。

水稻秧田分蘖期用 0.01～0.05 mg/L 芸苔素内酯药液 50 L 叶面喷施，可使秧苗返青快；开花期用 0.01～0.05 mg/L 芸苔素内酯叶面再喷施一次，可早抽穗、早扬花，一般比对照早扬花 3～5 d。配制药液时取 0.04%芸苔素内酯水剂 1.25～6.25 mL 兑水 50 L，即得溶液浓度为 0.01～0.05 mg/L 的芸苔素内酯药液。

（三）促进花时相遇

在父母本花期相遇时，仍然存在着父母本在同一天内的开花盛期不能很好相遇的问题，如父本在上午 9 点至下午 1 点时间段集中开花，而母本在中午 12 点至下午 4 点时间段集中开花。使用赤霉素等调节剂能有效解决这一问题，最终提高异交结实率。

应掌握在全田不育系植株抽穗 10%～20%时喷施为宜，喷施过早或过晚都会影响制种产量：如喷施过早，会发生颈节拔高，分蘖穗过分伸长，穗子难以抽出，影响授粉，无法解除包颈，从而达不到增产的目的；若喷施过晚，穗颈细胞定型，细胞壁老化，就难以较好地解除包颈，也达不到增产的目的。

喷施时间以上午露水干后进行效果较好。喷施前后几天，清早下田击苞赶露水，可促使散苞，降低母本行湿度，提高母本温度，提早开花，有利于授粉。

（四）调节穗层

对杂交稻制种较为有利的穗层分布是父高母矮，但常常由于品种特性或调节花期的原因，造成母高父矮的不利局势。另外，母本的穗层厚度及穗层的穗密度等都影响制种产量。对母高父矮的不合理穗层结构，可以在不影响花期相遇的情况下通过对父本喷施赤霉素来解决。对母本过高的，可通过父本喷施赤霉素，同时父本喷施多效唑或青鲜素配合解决。母本穗颈节与剑叶叶枕平齐时，异交结实率较高。以后随着赤霉素用量的增大，母本穗颈节逐渐伸长，异交结实率却不再提高，反而有下降的趋势。

四、化学杀雄

化学杀雄是水稻制种的一项有效的措施手段，在利用杂交优势时可以不受三系限制，亲本来源丰富，选配自由；另外二系杂交的某些组合，杂种二代仍有利用价值：可以在推广良种的基础上争取更高产量；制种程序简单，方法简便。

（一）甲基砷酸盐

甲基砷酸锌（$CH_3AsO_3Zn \cdot H_2O$）和甲基砷酸钠[$CH_3AsO_2Na_2 \cdot (5 \sim 6)H_2O$]在水稻孕穗期（叶枕距 1 ~ 9 cm 时，最好是 5 cm 左右）进行适量叶面均匀喷雾处理，杀雄效果达 99% ~ 100%。喷洒浓度为 0.015% ~ 0.025%，药液量一般每株 10 mL 左右，每亩 200 L。喷药时，喷头离稻株的距离宜在 27 ~ 30 cm；喷药当天气温太高，易发生药害，喷完药的当晚，应给予回水，喷药后不久遇雨，应及时补喷，浓度适当降低。

（1）甲基砷酸盐的杀雄机理。

甲基砷酸盐被叶片吸收后，0.5 h 运转到穗部。水稻喷洒杀雄剂后，花药中巯基（-SH）化合物含量减少，琥珀酸脱氢酶和细胞色素氧化酶活性显著下降，导致花药的呼吸速率下降，仅为对照的 30% ~ 50%，花粉内容物（淀粉、蛋白质）形成和积累减少，从而严重影响甚至破坏花粉的发育过程。当处理浓度稍高或药量稍大时，在某些品种当中容易引起闭颖率增高，当浓度稍低或药量较少则杀雄不彻底。

（2）应用甲基砷酸锌作为杀菌剂用于防治水稻纹枯病一直在生产上使用，可以利用20%甲基砷酸锌可湿性粉剂对水稀释 1 000 倍进行叶面喷雾，每亩使用药液量 200 L 即可。

（二）其他水稻杀雄剂

1. 均三嗪二酮

在孕穗期喷洒 4 000 ~ 8 000 mg/L 均三嗪二酮溶液，诱导雄性不育率可达 88.9% ~

100%，不伤雌蕊育性。处理后颖壳张开，柱头蓬松外露，持续日久，有利于异花授粉，进行杂交制种。

2. 乙烯利

在水稻花粉母细胞减数分裂期施用1%～2%乙烯利可以诱导花粉高度不育。

（三）水稻杀雄剂的局限性

甲基砷酸盐使用效果良好，但由于是有机砷制剂，易污染环境。另外，杀雄效果受环境条件的影响。如在喷药后不到6 h下雨会降低杀雄效果，在适时喷药时间连续下雨，就会贻误最佳喷药时期，使制种产量降低，制种不纯。

稻株生育期影响杀雄效果，一般稻株主茎和分蘖所处生育期不同，若接受同样浓度药液，杀雄效果不一致，浓度过低杀雄效果差，浓度过高导致闭颖率提高或雄性败育，都会降低制种产量和纯度。

五、在机插秧育秧上的应用

随着水稻生产经营方式的转变，水稻生产对机械化作业的需求越来越迫切，而机械化作业的核心和难点在机械化育插秧环节。其中，育秧环节中常常要使用壮秧剂、育秧伴侣、旱育保姆等，这些都含有不同植物生长调节剂，主要以三唑类的多效唑为主。如壮秧剂中含有植物生长调节剂、土壤调理剂以及10多种水稻生长发育必需的中微量元素，不仅有助于改善土壤和秧苗生长环境，而且可增加床土水分补给缓冲能力，防止青枯死苗的发生。

1. 在常规机插秧上的应用

秧苗一般采用软盘育秧和双膜育秧方式。软盘育秧和双膜育秧均可采用旱育秧和湿润育秧，旱育秧苗易控制苗高，根系发达，盘结力较高，秧龄弹性大，栽后缓苗期短，更有利于高产，应用更广泛。要达到机插秧壮秧要求，在旱育秧培育时床土准备及1叶1心期至2叶1心期苗高控制这两个环节需要化控处理。

2. 在钵苗机械化超高产栽培上的应用

钵苗机插水稻超高产栽培的关键技术，除了选用优质高产高效抗逆品种外，培育标准化壮秧是钵苗机插超高产核心技术中的重中之重。壮秧标准为：秧龄30 d左右，叶龄4.5～5.5，苗高15～20 cm，单株茎基宽0.3～0.4 cm，平均单株带蘖0.3～0.5个，单株白根数13～16条，发根力5～10条，百株干重8.0 g以上，钵体重5 g左右，成苗孔率常规稻≥95%，杂交稻≥90%，平均每孔苗数常规粳稻3～5苗，杂交粳稻2～3苗，杂交籼稻2苗左右；植株带蘖率常规稻>30%，杂交稻≥50%。要培育壮秧，矮化壮苗，离不开植物生长调节剂的应用。

技术要点：在秧苗 2 叶期时，每百张秧盘用 15%多效唑粉剂 4 g，兑水喷施，均匀喷雾，能有效控制苗高，便于机械化栽插。

第二节　在小麦上的应用

小麦是全世界种植面积最大的谷类作物，占谷类作物总面积的 30%左右。在我国，小麦是主要的粮食作物，生产形势的好坏直接影响到我国（特别是北方地区）农业生产。目前小麦生产中存在倒伏威胁、冬前旺长和越冬不安全、逆境（倒春寒、干热风等）危害、分蘖成穗率低、杂种优势利用难、穗发芽和储存损失严重等问题。

一、壮苗促蘖和安全越冬

冬小麦种植后，越冬前若气温较高，或暖冬年份，易造成小麦冬前或早春旺长，分蘖节离开地面，一遇到寒流极易造成冻害，特别是近年来全球性气候变化，暖冬等异常气候给小麦安全越冬带来威胁。如何使幼苗在冬前达到一定的生长量，使总茎数达到高产要求，并保证安全越冬，是种植制度改革后出现的又一新问题。应用甲哌鎓·多效唑混剂、矮壮素、烯效唑、萘乙酸、吲哚乙酸等处理种子（拌种或浸种）或苗后处理（叶面喷施或土壤处理）等化控技术，对冬小麦有控旺促壮的作用。

1. 技术规程

多效唑 100 mg/kg 浸种 10 ~ 12 h，每 3 ~ 4 h 搅拌 1 次，捞出晾干播种。

2. 技术效果

植株矮健，叶片宽、短、厚，降低小麦苗期的株高 55%左右。小麦单株分蘖数增加 28.2%，地中茎缩短 65%，为冬小麦安全越冬提供保证。但处理后由于麦苗的胚芽鞘缩短、地中茎不伸长，使幼苗顶土力减弱，出苗期推迟 3 ~ 7 d，因此在生产中应严格控制播种深度，绝不能超过 3 ~ 4 cm，否则造成烂种、烂苗和黄芽苗，严重影响田间出苗率和出苗期。在浸种的基础上，于越冬前再用 100 mg/kg 药液施入小麦根部，可使全生育期耕层根系全氮含量、茎叶含氮量和叶绿素含量都有一定增加。

二、防止倒伏

小麦倒伏一直是世界性难题，世界各小麦主产国每年都不同程度地发生小麦倒伏现象，造成大幅度减产（20% ~ 50%）。20 世纪 50 ~ 60 年代以来，由于使用优良品种、增施氮肥和适当密植，小麦的产量不断提高，但继之而来的小麦倒伏的危险也越来越大。倒伏不仅影响产量，而且降低品质，同时还增加收获难度。随着栽培技术和产量水平的不断提高，倒伏威胁有上升趋势。一是为追求高产，加大麦田水肥投入，尤其在不合理偏施氮肥的情况下，遇到风雨极易发生倒伏；二是中国北方一年两熟条件下的茬口限制（玉米、棉花），常造成小麦晚播和播量加大，造成的弱个体大群体，对水肥措施极为敏感，易发生倒伏。南方随施肥水平和密植程度的提高，加上在小麦抽穗灌浆期常有暴风雨影响，历来小麦倒伏比较严重，已成为小麦高产的严重阻碍。

小麦倒伏与基部 1、2、3 节间长度密切相关，当茎第 1 节间长于 8 cm，第 2 节间长于 13 cm，第 3 节间长于 16 cm，就易发生倒伏。解决小麦倒伏问题，通过育种手段，需要花费多年精力；栽培措施除采取蹲苗、镇压等原始措施外，尚没有切实有效的解决办法。采用化学调控的技术措施能弥补传统栽培措施上的不足，收到明显的控制旺长、防止倒伏的效果。

从发生倒伏的部位可将小麦倒伏分为根倒和茎倒两类，根倒是由于根系发育不良（根量小、根系分布浅）造成的，茎倒则主要与植株高度和基部节间的长度、茎壁厚度、柔韧性等有关。生产中的倒伏大部分属于茎倒。

1. 技术效果

小麦不同生育期应用矮壮素均可降低株高，但抑制节间伸长的部位不同。其中分蘖末拔节初期处理，能有效抑制基部 1～3 节间伸长，有利于防止倒伏。同时处理的小差节间短、茎秆粗、叶色深、叶片宽厚、矮壮，但不影响穗的正常发育，可增产 17%。在拔节期以后处理，虽可抑制节间伸长，但影响穗的发育，易造成减产。

2. 技术要点

喷施矮壮素最适宜的时期，是在分蘖末至拔节初期，第 1 节间长约 0.1 cm 时。如果两次喷用，最好是在基部第 2 节间伸长 0.1 cm 时再喷施一次，两次相隔时间约 10 d，施用浓度以 0.15%～0.3%为宜，植株过旺时取高限，偏旺时取下限。每亩每次用 50% 矮壮素水剂 0.5 L，每亩每次喷药液量 50～75 L，要求喷雾均匀，否则会使植株高矮不齐，成熟早晚不一致，并要避免烈日中午喷药，以防烧叶。对总茎数不足、苗情较弱的麦田，不宜喷洒矮壮素，而对点片旺苗，可局部喷洒。

3. 技术评价

矮壮素应用是一项成熟的防止小麦倒伏技术。应用矮壮素有推迟幼穗发育和降低小麦出粉率等副作用。生产应用时取 50%矮壮素水剂进行 200～400 倍稀释，每亩每次喷药液量 50～75 L 即可。

三、提高抗逆性

冬小麦抗性包括对环境逆境（如干旱、干热风等）和生物逆境（如病害等）的抵抗能力。用 20%甲哌鎓·多效唑微乳剂处理后，植株根系发达、茎秆粗壮、叶片素质全面改善，对不良环境逆境和生物逆境的免疫能力大大提高。

1. 干热风

干热风是小麦生育后期的主要灾害，尤其是在北方冬麦区，每年危害面积达 74%，一般年份减产 10%左右，严重时减产 30%以上。大于 30 °C 的高温条件是诱发干热风的主要因素，因此干热风实质上主要是高温胁迫。小麦成熟前发生雨后青枯猝死的主要原因也与高温胁迫有关。受干热风危害的小麦，植株体内水分散失加快，正常的生理代谢进程被破坏，过多的含氮化合物不能正常代谢，产生大量的游离氨，致使植株因氨中毒而死亡，或导致叶片、籽粒含水量下降，蒸腾强度加剧，叶绿素含量和净光合强度显著降低，“逼死”植株。同时，根系吸收能力减弱，因灌浆时间缩短，干物质积累提早结束，千粒重下降，致使产量锐减。因此，积极采取有效措施防御小麦干热风，是小麦高产稳产的重要保障。

（1）20%甲哌鎓·多效唑微乳剂。20%甲哌鎓·多效唑微乳剂提高小麦的抗性，是因为处理后植株根系发达、茎秆粗壮、叶片素质全面改善，对不良环境逆境和生物逆境的免疫能力大大提高。用 20%甲哌鎓·多效唑微乳剂处理能增加植株的根量，促进根系下扎，因而可以显著提高小麦植株抵抗拔节后干旱的能力，有效减缓穗粒数和粒重的下降，增产效果明显。20%甲哌鎓·多效唑微乳剂在提高小麦植株抵抗高温胁迫能力方面有一定的潜力，是目前生产上解决高温胁迫问题、实现小麦安全高产的一项有效措施。

（2）黄腐酸。黄腐酸是从风化煤中提取出来的一种能防治小麦干热风的生长调节剂。黄腐酸能降低小麦叶的蒸腾速率，增大气孔阻力，提高脯氨酸含量。在小麦孕穗期及灌浆初期叶面喷洒黄腐酸均有明显的增产效果，尤以孕穗期喷洒后的增产效果最为显著，在孕穗期喷洒以旗叶伸出叶鞘 1/3 ~ 1/2 时为宜，在孕穗期和灌浆初期各喷一次，效果更好。用药量一般为 50 ~ 150 g/亩，对水 40 kg 进行喷洒，一般可增产 10%左右。

2. 干旱

四川小麦主要分布在土层瘠薄、保水力差、蓄引水困难的丘陵区坡台旱地，抗旱设施差、抗旱成本高，当旱情发生时，可供选择的抗旱措施少，因而干旱对小麦生产的影响大。在规模化生产、机械化播种的形势下，播种时间高度集中，在雨养农业地区，播后无适宜降水，常导致大面积缺苗断垄，极大地影响小麦生产。除选择耐旱品种外，施用外源植物生长调节剂是一种有效提高作物抗旱性的技术措施。

四川农业大学利用 PEG 模拟干旱胁迫，发现采用适宜的植物生长调节剂浸种后，可在一定程度上增强小麦种子萌发期的抗旱能力，表现为发芽率、发芽势、发芽指数提高，苗高、胚芽鞘长度、根长伸长，根数增多，根冠比、储藏物质转运率增大，表现较好的调节剂有：乙烯利、黄腐酸、氯化胆碱、赤霉素、吲哚丁酸·萘乙酸。浸种浓度为：乙烯利 200 mg/L，或黄腐酸 3 000 mg/L，或氯化胆碱 200 mg/L，或赤霉素 10 mg/L，或吲哚丁酸·萘乙酸 20 mg/L，浸泡 24 h 后播种。大田试验表明，采用黄腐酸（3 000 mg/L）、吲哚丁酸（5 mg/L）、胺鲜酯（3 mg/L）、赤霉素（20 mg/L）浸种后，在相同播量情况下，可显著提高基本苗，对于抵制苗期干旱导致的出苗难有一定的缓解作用。

第三节　在玉米上的应用

玉米是我国第三大粮食作物，常年种植约 3 000 万公顷。随着畜牧业和综合利用新技术的发展，玉米已成为全世界重要的粮食、饲料、经济兼用作物，需求量不断增加，在国民经济和人民生活中占有越来越重要的地位。

玉米生产中的主要问题是：① 抽雄后植株过高容易发生倒伏，特别是 7 ~ 8 月份雨季影响产量的进一步提高；② 存在营养与生殖生长的矛盾，尤其抽穗前，若雄穗茎秆伸长过长而耗费过多营养，则雌穗就会因养料不足而产生“秃尖”现象；③ 密植情况下，空秆率增加；④ 北方的干旱、南方的涝渍等逆境常造成减产。为夺取玉米高产，早播、培育壮苗、防止倒伏、防止空秆和秃尖、提高杂种优势的利用是重要的栽培管理内容。植物生长调节剂的应用，为玉米高产提供了简便易行的技术保障。

一、促进萌发

杂交玉米种子往往由于成熟晚或成熟期间光、温条件差而成熟不良，发芽率低下。播种前用萘乙酸、矮壮素、羟烯腺嘌呤等植物生长调节剂处理玉米种子，能刺激种子增强新陈代谢作用，促进发芽、发根，提高发芽率和发芽势，为培育壮秧打下基础。

1. 萘乙酸

选用纯度高、发芽率高、发芽势强、整齐、饱满的玉米种子进行浸种处理。玉米浸种时可以使用 16 ~ 32 mg/L 萘乙酸溶液浸种 24 h，播种前用清水洗 1 遍，可使早发 2 ~ 3 d，苗全苗壮，根多，增强幼苗对不良环境的抗性。

2. 萘乙酸·吲哚丁酸混剂

萘乙酸和吲哚丁酸混用后可激化植物细胞的活性，打破种子休眠，促进细胞分裂与扩大，促进根系分化，刺激愈伤组织形成不定根，加速根系发育，提高发芽率，有效促进植物育苗、移栽生根，提高成活率，增强植物抗逆性等。

3. 矮壮素

选用纯度高、发芽率高、发芽势强、整齐、饱满的玉米优良品种种子进行浸种处理。可以使用 300 ~ 1 000 mg/L 矮壮素溶液浸种 6 ~ 8 h，捞出晾干，即可播种。能使玉米早出苗 2 ~ 3 d，增强光合作用，且能杀死种子表面和残留在土壤中的黑粉菌，降低玉米丝黑穗病的发病率 15% ~ 32%。

4. 三十烷醇

玉米种子可以使用三十烷醇浸种，粒小皮薄的种子用浓度为 0.1%的溶液；粒大饱满的种子用浓度为 0.5%的溶液。按种子和溶液 10∶7 的比例倒入缸内搅拌均匀，然后浸泡 6 h，捞出后晾干播种。浸种一般在播前 2 d 进行。经过三十烷醇浸种处理后，显著提高种子的脱氢酶活性，对种子的吸水和淀粉酶活性也有一定的促进效果，提高种子的发芽率。三十烷醇浸种处理对幼苗的生长也有明显的促进作用，苗高、第二叶的长度和叶绿素含量均较对照明显增加。

5. 芸苔素内酯

用芸苔素内酯浸种时，使用浓度为 0.1 mg/L 的芸苔素内酯药液浸泡玉米种子 24 h，在阴凉处晾干后播种，可加快玉米种子萌发，增加根系长度，提高单株鲜重。使用芸苔素内酯处理玉米种子时，可以使用含有效成分 0.01%左右的制剂稀释为 1 000 倍液进行浸种。

玉米浸种处理时应注意：① 灵活掌握浸种时间，籽粒饱满的硬粒型种子浸种时间要适当长一些，籽粒瘪和马齿形的种子浸种时间要短一些；② 无论哪种浸种方法，浸后必须将种子在阴凉处晾干（不要日晒），才能播种或进行药剂拌种，否则容易导致药害；③ 浸过的种子不要日晒，不要堆成大堆，以防“捂种”；④ 在天气干旱、墒情不好、没有浇水条件的情况下，不宜浸种，以免造成萌动的种子出现“芽干”而不能出苗。

二、培育壮苗

在玉米栽培中常常出现大、小苗不匀的现象。利用甲哌鎓、芸苔素内酯和羟烯腺嘌呤等植物生长调节剂控制玉米幼苗徒长，促进根系生长，增强玉米抗性，培育出健壮抗性强的早壮苗，为高产打下基础。

1. 甲哌鎓

在玉米大喇叭口期，配制 500 ~ 833 mg/L 甲哌鎓药液，进行茎叶喷雾，可以抑制玉米细胞伸长，缩节矮壮，有利于培育壮苗。

2. 芸苔素内酯

使用时配制 0.05 ~ 0.2 mg/L 芸苔素内酯药液，在玉米苗高 30 cm 左右和喇叭口期各喷施一次，能培育玉米壮苗，有一定的增产效果。

3. 赤霉素

在玉米生长中常常出现大、小苗不均的现象。小苗由于生长势弱，在田间竞争中处于劣势，易形成小株空秆，苗期管理上通常施“偏心肥”，以促进小苗快速生长，也可以使用赤霉素进行生长调节。

在玉米苗期使用 10 ~ 20 mg/L 赤霉素溶液，药液量 50 L，对小苗进行叶面喷洒，可促进小苗快速生长，使全田植株均匀一致，减少空秆。生产上可以使用 4%赤霉素乳油稀释为 2 000 ~ 4 000 倍液，即得 10 ~ 20 mg/L 赤霉素溶液，进行叶面喷雾即可。

4. 矮壮素

矮壮素用于玉米种子进行浸种处理，可使植株矮化，促进根系生长，培育壮苗，结棒位低，无秃尖，穗大粒满。在玉米生长至 13 ~ 14 片叶（大喇叭口时期）喷施 500 mg/L 矮壮素溶液，一定程度上增加玉米产量，经济效益较高。生产应用时可以使用 50%矮壮素水剂进行对水喷雾处理，在玉米大喇叭口期每亩取 50%矮壮素水剂 50 mL 对水稀释为 1 000 倍液，每亩用药液量 50 L 进行喷雾。

三、控制徒长，防止倒伏

适当增加密度是提高玉米单产的有效手段，然而增加密度易造成玉米茎秆脆弱和倒伏，严重减产，已成为提高玉米产量的关键性限制因素。

在玉米生产中，为了发挥密植增产效应，不仅要选择紧凑型品种，还要通过改变栽培措施有针对性地合理调控个体株型和群体结构，以提高植株抗倒伏能力。应用植物生长调节剂乙烯利或复配剂，可改善玉米茎秆质量、提高抗倒能力，这是解决玉米倒伏问题的有效途径，已成为我国玉米高产、稳产、高效栽培措施中的重要组成部分。

在玉米田有 1%植株抽雄时使用 40%乙烯利水剂稀释为 2 000 ~ 3 000 倍液乙烯利喷施，可缩短基部节间长度，降低穗位高，增加茎粗，促进玉米根系的发育。中秆品种的穗位高降低 25 cm 左右，茎秆坚韧，第 8 ~ 9 层气生根数增加，显著增强玉米植株的抗倒伏能力，实现增产。

玉米上单用乙烯利有很多副作用，主要表现为影响雌穗发育，使穗变小，易秃尖，穗粒数减少，败育率提高，千粒重下降。在生产上不推荐单独使用乙烯利。同时，玉米籽粒的败育主要发生在吐丝后的 14 ~ 20 d。抽雄时玉米株高已超过人体高度，此时用乙烯利，不仅增加了技术操作的难度，而且仍无法完全避免乙烯利对雌穗发育的负面影响。

由于乙烯利能明显使玉米植株矮化，可防止倒伏，因此在多风暴的地区使用还是有很大意义的。另外，使用乙烯利进行玉米生长调节时，适当增加种植密度可以获得更好的产量。

四、促进籽粒灌浆，调节籽粒品质

1. 三十烷醇

三十烷醇除了用于浸种处理可提高玉米种子发芽率、增强发芽势外，还可以在幼穗分化期和抽雄期进行叶面喷雾。具体处理方法是：在幼穗分化期和抽雄期使用 0.1 mg/L 三十烷醇溶液各喷雾 1 次，使用药液量 50 L。经过处理后，玉米叶色浓绿，穗大粒多，籽粒饱满，实粒数增加 5% ~ 20%，千粒重提高 4 ~ 9 g，增产 10%左右。

2. 赤霉素

在玉米雌花受精后，花丝开始发焦时，每亩用 40 ~ 100 mg/L 赤霉素药液 50 L 喷洒花丝，或灌入苞叶内（约 1 mL/株），均能减少秃尖，增加籽粒数，促进灌浆，提高千粒重。

第四节　在马铃薯上的应用

马铃薯又名洋芋、土豆、山药蛋等，是一年生的茄科、薯芋类作物，块茎可供食用，是世界第四大粮食作物。

马铃薯是以块茎为收获对象的高产作物。在马铃薯生产上，应用植物生长调节剂可以有效调节块茎的休眠与发芽，协调地上部分与地下部分的关系，促进块茎膨大，对于提高产量、改善品质和保鲜贮藏有着重要的实践意义。

一、打破块茎休眠

马铃薯块茎休眠期的长短因品种不同而异，休眠期长的可达 3 个月以上，短的约 1～2 个月。未完成休眠的种薯，播后发芽困难，出苗缓慢，甚至还会烂种，对生产极为不利。特别是我国马铃薯春、秋二季种植区，为使秋播用的种薯能在贮藏期间解除休眠，提早发芽，需采用一些技术来打破种薯休眠。生产上，用于打破块茎休眠的植物生长调节剂主要有赤霉素和生长素（包括萘乙酸、吲哚乙酸、硫脲、氯乙醇等）。由于生长素类浓度不易把握，硫脲或氯乙醇浸种时间太长会对种子发芽有影响，因此，在生产中使用最多的是赤霉素。

马铃薯种薯经用赤霉素浸种处理，可以打破种薯休眠期，一般可以提早 5～7 d 发芽。首先挑选出无病种薯，放在 0.5 mg/L 的赤霉素溶液中，浸泡 5～10 min，取出放于温度为 20 °C 左右的地方进行催芽。

赤霉素处理马铃薯种薯的三种方法：

① 播前浸种。中、晚熟春薯品种在播前先切块，把种薯放在 1.0 mg/L 赤霉素溶液中浸 10～15 min 取出，阴干，放在催芽床上，4～5 d 后就可出芽。需要注意赤霉素的浓度，过高虽然出芽快，但芽细弱；浓度为 0.5 mg/L 的赤霉素也有效果，但浸泡时间较长，一般为 1 h，若超过 30 °C，容易腐烂。对秋薯的早、中、晚熟品种均可用此法。

② 播前喷施。对于中、晚熟春薯品种，秋播时还可用 10～20 mg/L 赤霉素药液喷施马铃薯块茎，至表面湿润为止，喷施 3 次，间隔期约 8 h。

③ 收前喷施。在马铃薯采收前 10～30 d 每亩用 100 mg/L 赤霉素药液 50 kg 喷施植株，均能促进薯块发芽，出芽多且整齐，腐烂率少。在对萌发不利的寒冷和潮湿气候下，效果更为明显。需要注意赤霉素的应用浓度不可过高，否则会产生抑制作用，或使幼苗过于细长；浸种时间不宜过长，也不宜在高温下催芽，否则会引起植株徒长。

二、控制茎叶徒长

马铃薯茎叶徒长现象一般在丰产地块出现较多，主要是施肥量过大，特别是施氮肥过多，加之种植密度过大，在马铃薯植株生长期间严重拥挤和枝叶互相遮阴造成的。

马铃薯茎叶徒长极易造成不结薯、结小薯、烂秧。另外，茎叶徒长还会造成枝叶郁闭，加重晚疫病的发生，导致马铃薯植株全田或成片死亡。且收获时或入窖后薯块块茎腐烂，严重影响产量。

生产上通常使用的植物生长调节剂为甲哌鎓、矮壮素、多效唑等控制马铃薯植株徒长。使用剂量应非常慎重，剂量小，达不到预期效果；浓度过大或喷施次数过多，马铃薯植株会受到严重抑制，表现为地上部生长受阻，植株严重矮化，节间缩短，分枝少，叶片浓绿肥厚，导致地上部光合作用面积减少，供给块茎的光合产物降低，使块茎形成晚，膨大速度慢，块茎小，大薯率低，严重降低马铃薯的产量和商品性。

1. 甲哌鎓

甲哌鎓也可用于马铃薯的调节生长，每亩使用8%甲哌鎓可溶性粉剂4～8 g，每亩使用药液40～50 L喷雾即可。需要注意，马铃薯封垄后，初花期使用，安全间隔期为10～15 d。

2. 矮壮素

对出现徒长趋势的马铃薯，在现蕾至开花期，使用浓度为2 000～2 500 mg/L的矮壮素，以叶面全面喷湿为止，能有效地延缓茎叶生长，缩短节间，使株型紧凑，叶色浓绿，叶片增厚，叶片CO_2同化能力提高，改变同化产物在植株内的分配比例，使输向块茎的同化产物的绝对量和相对量都有增加。矮壮素处理后，不仅能加快马铃薯块茎的生长速度，促使块茎形成的时间提早1周，而且大薯率显著提高，单株产量增加20%左右。

目前，国内登记的矮壮素产品主要有50%矮壮素水剂和80%矮壮素水剂。生产应用时可以使用50%矮壮素水剂，对水稀释200倍，每亩使用药液40～50 L，进行叶面喷雾即可。

3. 多效唑

在马铃薯生长至株高25～30 cm时，每亩使用浓度为250～300 mg/L多效唑药液50 L进行叶面喷雾处理，可控制茎叶徒长，适用于旺长田块。土壤肥力好，马铃薯长势旺盛，多效唑的浓度可选用300 mg/L；一般的土质浓度选用250 mg/L；土壤肥力差、长势瘦弱的薯地不宜使用多效唑；要适时使用，防止过早或过迟施药。

生产应用时可以使用15%多效唑可湿性粉剂稀释1 000～3 000倍，即得浓度为50～150 mg/L的多效唑溶液。

多效唑在马铃薯上使用效果比较好，但多效唑在旱地作物残留期较长，对下茬作物的生长影响较大；另外，种薯生产时，尽可能不要用该类植物生长调节剂，以免药剂残留影响下一代马铃薯正常生长。如果生产中发生由多效唑、矮壮素等植物生长抑制剂产生的药害，可喷施赤霉素进行解除。

三、促进薯块肥大

在薯类作物植株生长中后期，施用植物生长调节剂可改善叶片光合性能，控制地上部分的生长，促进光合产物向产品器官转运，增加大中薯的比例，提高产量及淀粉含量。

1. 甲哌鎓

于马铃薯蕾期至花期，使用 50 mg/L 甲哌鎓药液叶面喷雾，能够促进有机养分向地下部转移，促进块茎肥大，提高产量。

2. 矮壮素

一般在现蕾期至开花期（块茎形成与膨大初期），用 2 000 mg/L 矮壮素药液每亩喷药 40 L 左右，至叶面全面喷湿，可抑制马铃薯地上部茎叶生长，改变同化物运输方向，促进块茎生长，且可使薯块形成时间提早，大薯块增多，单株产量提高。

3. 芸苔素内酯

在马铃薯块茎膨大初期，使用 0.01%芸苔素内酯乳油 1 000 ~ 3 000 倍液 1 ~ 2 次，可促进块茎膨大，增产 10%左右。

4. 多效唑

在马铃薯栽培中，由于密度过高、肥水过量、日照不足等原因，地上部茎叶生长过旺，光合产物向薯块输送减少，会影响薯块形成和膨大。施用多效唑可促进生长中心向薯块转移。多效唑对马铃薯植株有明显的抑制作用，使茎叶产量下降，生物产量略减，而薯块重量增加，经济系数提高。研究表明，薯块增加的原因是多效唑对马铃薯起到了“控上促下”的作用，促进薯块膨大，大薯块比例提高和单个薯块重量增加，产量增加 10%左右。生产上应用时，在马铃薯发棵末至结薯初期，叶面喷施 25 ~ 50 mg/L 的药液或在结薯期喷施 50 mg/L 的药液 50 L 进行处理。

在甘薯薯块膨大初期，即移栽后 70 d 左右，叶面积指数达 3.8 ~ 4.0 时，使用 50 ~ 150 mg/L 多效唑药液喷施，每亩药液量 50 ~ 60 L，可提高叶绿素含量，促进薯块膨大，提高产量和淀粉含量，并可促使甘薯提早成熟。在甘薯的花蕾期，每亩用 90 ~ 120 mg/L 多效唑药液 50 L 喷施，可使植株茎秆增粗、叶片增厚，增产 10%左右。

四、延缓薯块贮藏时间

在马铃薯贮藏后期（如春季贮藏期间），块茎容易萌芽生长。萌发后的薯块，重量损失 20% ~ 30%，淀粉含量减少 20% ~ 50%，而且外皮皱缩，易腐烂，并在芽和芽眼周围产生对人畜有毒的龙葵素，食后会引起人体中毒甚至死亡。因此，有必要选用有效地控制块茎发芽、对马铃薯既无毒副作用也不降低营养价值的生产技术。

延缓马铃薯块茎发芽的方法主要包括采前处理和采后处理两种，其中，采前处理多使用抑芽丹，采后处理可以使用萘乙酸甲酯和氯苯胺灵等药剂。

五、促进脱毒快繁

在 MS 培养基上，马铃薯试管苗生根比较缓慢、长势较差；而 MS+1 mg/L 6-BA+0.5 mg/L NAA 处理，脱毒苗生根较快，植株长势较好，并且比较健壮。在 MS 培养基中，添加 PP333 0.2 mg/L 处理效果明显，抑制了试管苗的徒长，增加了茎粗，缩短了节间长度。MS 培养基中加入 0.2 mg/L IBA 后，试管苗生长速度加快，繁殖周期比对照缩短了 5 d，繁殖效率提高。此外，在 MS 培养基中加入 10 mg/L 丁酰肼（比久），有利于壮苗。在马铃薯试管苗培养基中加入适量 CCC 或 B_9 可使细弱的试管苗变粗壮，且不影响生长繁殖速度。当光照强度为 3 000 Lx、昼夜温差为 8 °C 左右时，即培养温度在 18 ~ 26 °C 时，植物生长调节剂壮苗培养效果最好。丁酰肼壮苗培养的效果明显，而且经济实惠。

第五节 在烟草上的应用

烟草是高税利、高效益的经济作物。我国烟草的种植面积和产量均居世界首位。烟草叶片调制后成为制烟工业的主要原料。烟草生产不仅要求有稳定和适宜的产量，更要求烟叶品质优良。从烟叶产量品质形成过程来看，要实现优质稳产，就须正确解决烟叶的产量与品质之间的矛盾，在从品种、栽培技术和调制方法三个方面着手的同时，适时合理地运用植物生长调节剂进行化学调控。目前，我国烟叶质量存在烟叶钾含量偏低、烟碱含量偏高的问题。钾是烟草重要的元素之一，对烟草外观和内在品质均有一定影响。含钾量高的烟叶色泽呈深橘黄色，香气足，气味好，富有弹性和韧性，阴燃性和燃烧性好。利用植物生长调节剂来提高烟草钾离子的含量、改善烟叶品质也成为研究的热点。在烟草上应用的植物生长调节剂主要有 S-诱抗素、三十烷醇、烯效唑、萘乙酸、生长素、吲哚丁酸、抑芽敏和氟节胺等品种，在培育壮苗、抑制芽生长、提高优质烟叶产量、提高植株对病害和干旱等不良环境的抵抗能力、改善烟叶质量等方面显示出重要的作用。

一、促进萌发生长，培育壮苗

烟草是一种育苗移栽作物，在最适宜移栽的季节培育出足够数量、整齐一致的壮苗是获得烟叶优质稳产的首要环节。烟草种子体积小，表皮硬而皱缩，易形成水膜；且蛋白质、脂肪含量高，需氧多，后熟期长。这些特点导致种子不易萌发，即使能发芽，幼苗生命力也弱，在烟草幼苗喷施 S-诱抗素可以促进烟苗生长，根多苗壮，提高植株生长期间对逆境的抵抗能力，从而为高产优质奠定基础。

1. S-诱抗素

在烟草幼苗阶段，用含有有效成分 2.7 ~ 3.5 mg/L 的 S-诱抗素药液进行叶面喷雾，也可以选在移栽前 2 ~ 3 d 或移栽后 7 ~ 10 d 使用含有有效成分为 2.5 ~ 4.0 mg/L 的 S-诱抗素药液进行叶面喷施。若烟草植株弱，可以适当加大兑水量。

S-诱抗素的商品制剂有 0.1%水剂和 0.02%水剂，前者在烟草上登记用于苗床的调节生长，后者主要登记应用于烟草花叶病的防治。

2. 多效唑和烯效唑

在烟草生长至幼苗 3 叶 1 心期，使用含有有效成分为 150 ~ 200 mg/L 的多效唑药液，或每亩兑水 60 ~ 80 L 喷洒幼苗，均能有效控制烟苗高度，促进主茎的加粗生长；增加叶片叶绿素含量，提高光合效率和烟苗抗逆性，培育壮苗。但是，在使用多效唑和烯效唑时，一定要严格控制用药浓度，若浓度过大将会导致烟苗叶片皱褶，且烟苗太矮，不利于移栽。

多效唑的登记开发以 15%可湿性粉剂为主，烯效唑的商品化制剂主要为 5%可湿性粉剂。生产应用时可以使用 15%多效唑可湿性粉剂稀释 750 ~ 1 000 倍，或使用 5%烯效唑可湿性粉剂兑水稀释 2 500 倍，即得浓度为 150 ~ 200 mg/L 的多效唑溶液或浓度为 20 mg/L 的烯效唑药液，进行苗床喷洒即可。

3. 芸苔素内酯

使用含有有效成分为 0.01 ~ 0.05 mg/L 的芸苔素内酯溶液浸种，可提高种子的发芽率和发芽势，一般可提高种子发芽率 10%以上、发芽势 15%以上，并可提高种子在发芽过程中的抗寒性。在烟草植株移栽后 20 ~ 50 d，含有有效成分为 0.01 mg/L 的芸苔素内酯，每亩幼苗喷洒 40 L 药液，可显著促进烟苗生长。

生产上登记开发的芸苔素内酯制剂主要有 0.1%可溶粉剂、0.01%可溶性液剂、0.01%乳油、0.15%乳油、0.007 5%水剂和 0.001 6%水剂等，使用芸苔素内酯处理烟草时，可以使用有效成分在 0.01%左右的制剂稀释 10 000 倍进行处理。

二、抑制腋芽生长

在烟株现蕾后，大量营养物质流向生殖器官，影响烟叶品质，造成叶片小、叶色淡、品质下降，因此，烟株现蕾后需要及时打顶。打顶后虽然消除了烟株的顶端优势，却促进了腋芽的萌发，尤其是烟株上部腋芽，每个腋芽都可开花结实，影响烟叶品质。所以，抑制腋芽生长也是烟草培育过程中的一个重要环节。

1. 氟节胺

在烟草花蕾伸长期至始花期及时打顶（又叫摘心），在打顶后 24 h 内用氟节胺进行处理，抑制腋芽生长，既能省工，又可提高烟叶品质，并表现出一定的增产效果。

氟节胺又名抑芽敏，是一种较为优秀的接触性及局部内吸性烟草抑芽剂，能抑制腋芽的发生和生长速度，抑芽率可达 80%以上，对腋芽的鲜重抑制率能达到 98%以上。在打顶后 24 h 内进行施药处理。将氟节胺的商品制剂配制成 500 mg/L 的溶液，每株烟草植株使用药液量大约 20 mL，可用喷雾器淋、杯（壶）淋、毛笔涂抹及专用施药器等方法施药。用喷雾器施药时，应采用低压喷雾，或把喷嘴的孔片去掉，使药液呈水流状沿烟株主茎流下，施用时药液必须接触每一个腋芽。一季最多施药一次。按推荐施药量及施药时期使用，施药一次即可维持至收获期不用抹芽。施药时应注意避免药雾飘移到邻近的作物上。

氟节胺属于低残留的植物生长调节剂，施药后，烟叶和土壤中的氟节胺降解代谢很快，在 10 d 和 20 d 后测定氟节胺的残留量均低于 10 mg/kg，施药后 30 d 残留量均低于 3 mg/kg，低于规定的 20 mg/kg 最大残留浓度值。

氟节胺的商品制剂主要有 125 g/L 氟节胺乳油和 25%氟节胺乳油，其中以 125 g/L 氟节胺乳油为主。以 125 g/L 氟节胺乳油为例，生产应用时兑水稀释 250 倍即得含有效成分 500 mg/L 的氟节胺溶液，每株使用药液量 20 mL 左右，进行杯淋，在打顶后 24 h 内进行施药处理即可。

2. 二甲戊乐灵及混剂

使用二甲戊乐灵控制烟草腋芽生长时，需要先进行打顶和抹去腋芽的田间操作。在烟草田间 50%中心花开放时进行打顶，顶部留叶的叶片最小长度不少于 20 cm，抹去长度超过 2 cm 的腋芽。施药时可以杯淋或者采用矿泉水瓶盛装药液，并在瓶盖上戳几个小孔进行施药，使药液均匀接触每一个叶腋部位。特别是要注意打顶后烟株的第 1 个顶腋芽，要从不同的角度喷淋，不要遗漏打顶伤口周围的腋芽，喷淋施药时，应将倾斜的烟株扶正后再施药。

使用有效成分 50 mg/株的二甲戊乐灵抑制烟草腋芽处理效果理想，可以提高烟草中上部叶单叶重，增加烟叶产量。田间操作时应注意对全部腋芽施药处理，防止随着时间推移抑芽效果下降。建议生产中视情况对再生腋芽进行人工抹杈或 2 次施药。

二甲戊乐灵作为一种常用的除草剂，其商品制剂很多，以 330 g/L 二甲戊乐灵乳油为主。

二甲戊乐灵除了进行土壤喷雾，能有效防治大豆、玉米和甘蓝地一年生杂草及部分阔叶杂草外，多家企业登记用于抑制烟草腋芽生长。在进行打顶和抹去腋芽的田间操作后，使用 33%二甲戊乐灵乳油进行抑制烟草的腋芽生长时，每株烟草植株使用制剂量 0.2 ~ 0.25 mL，有效成分 60 ~ 80 mg 进行杯淋施药处理；尽量使药液均匀接触每一个叶腋部位。

市场上有 30%二甲戊乐灵·烯效乳油的混剂产品在烟草上进行了登记，用于抑制腋芽生长。使用时兑水 160 ~ 200 倍进行杯淋处理，处理的时间、方法及注意事项可以参考上面介绍的二甲戊乐灵的处理办法。

氟节胺和二甲戊乐灵混剂用于抑制烟草腋芽的生长具有明显的增效作用，作用迅速；对烟草植株及烟叶无伤害；打顶后施药一次，能抑制烟草腋芽发生直至收获。与氟节胺和二甲戊乐灵单剂相比，能节省大量打侧芽的人工，并使自然成熟度一致，提高烟叶上、中级的比例，还可以减轻田间烟草花叶病的接触传染，对预防花叶病有一定的作用；复配制剂可减少用药量，降低农药在烟叶上的残留量，与氟节胺和二甲戊乐灵单剂相比，能降低农业成本 1/3 以上。

3. 仲丁灵

仲丁灵为选择性芽前土壤处理的除草剂，其作用与氟乐灵相似，药剂进入植物体后，主要抑制分生组织的细胞分裂，从而抑制杂草幼芽及幼根生长。仲丁灵适用于大豆、棉花、水稻、玉米、向日葵、马铃薯、花生、西瓜、甜菜、甘蔗和蔬菜等作物田中防除稗、牛筋草、马唐、狗尾草等 1 年生单子叶杂草及部分双子叶杂草，对大豆田菟丝子也有较好的防除效果。

仲丁灵控制烟草腋芽生长，在烟草田使用仲丁灵进行腋芽生长抑制时，施药前先将所有烟草的顶芽和超过 2 cm 的腋芽抹去，在抹顶的当天进行施药。每株烟草使用 3 ~ 6 g/L 仲丁灵药液，采用杯淋法施药 1 次，每株烟草用药液量为 20 mL。施药后 45 d 内，烟草腋芽抑制率可以达到 80%以上，且对烟草不产生药害，对施药者安全，对病虫害和其他生物无明显影响，不影响烟草的产量和内在品质。

仲丁灵的登记开发主要用于除草剂，有不同有效成分含量的单剂，也有和异噁松、乙草胺、扑草净等除草剂的复配产品。开发用于烟草抑制腋芽生长的商品化制剂主要为 360 g/L 仲丁灵乳油。使用 360 g/L 仲丁灵乳油进行烟草腋芽抑制时，兑水稀释 80 ~ 100 倍，采用杯淋方式进行施药处理，每株使用仲丁灵有效成分 54 ~ 90 mg 即可。

4. 其他植物生长调节剂

除氟节胺、二甲戊乐灵和仲丁灵外，用于烟草腋芽生长抑制的植物生长调节剂还有青鲜素和葵醇等，只有研究报道，没有进行农药登记。

（1）青鲜素。

又名抑芽丹，能有效抑制侧芽生长，但不杀死侧芽，在施后 6 h 便进入植株体内，且多积累在腋芽发生部位。摘心后即可喷药，过晚时应摘去长出的腋芽。在生产上，抑芽丹一般在打顶后 24 h 内，使用含有青鲜素有效成分 500 mg/L 的药液，沿茎喷施，以湿为度；或在摘心后 10 d，使用青鲜素有效成分 2 000 ~ 2 500 mg/L 的药液，每株用药液量约 20 mL，喷上部叶。抑芽丹对烟叶品质有一定的副作用，所以应用时要严格控制用药浓度。

（2）葵醇。

葵醇是一种触杀剂，除芽速度快，无残毒，但有时也会杀死部分嫩叶。它能破坏腋芽中正在发育的细胞核膜，使细胞致死，本剂在打顶后沿茎喷施，使药液与腋芽细胞接触，本剂对成熟的细胞无影响，对长至 3 cm 的腋芽无效，葵醇乳剂使用 30 倍液，每株 30 mL 沿茎喷施，不要洒到叶片上。

三、催黄

由于气候或栽培等因素造成烟叶晚熟，有的称为绿烟、黑爆烟、老憨烟等，烤制后品质低劣，优质烟叶产量降低，同时影响下茬作物种植。在生育后期用乙烯利处理，可促进叶片呼吸与叶绿素的分解，提高叶片内糖与蛋白质比例，从而促进烟叶落黄，使用适当，产量升高或持平，烟叶质量、单价和产值都有增长。

乙烯利催熟烟叶可以在生长后期茎叶处理或采后处理烟片。采用茎叶处理时，一般采用全株喷洒的方法。对早、中烟，在夏季晴天喷施 500 ~ 700 mg/L 乙烯利，每亩用 40%乙烯利水剂 62.5 ~ 87.5 mL，兑水 50 ~ 100 L。3 ~ 4 d 后烟株自下向上约 2 ~ 4 台叶（每台 2 片）即能由绿转黄，和自然成熟一样。对晚烟，浓度要增加到 1 000 ~ 2 000 mg/L，5 ~ 6 d 后浅绿色的叶片转黄，也可以用 15%乙烯利溶液涂于叶基部茎的周围；或者把茎表皮纵向剥开约 4.0 cm × 1.5 cm，然后抹上乙烯利原液，3 ~ 5 d 抹药部位以上的烟叶即可褪色促黄，乙烯利在烟草上药效持续 8 ~ 12 d；也可以在烟草生长季节，针对下部叶片和上部叶片使用两次。

对达到生理成熟的上部烟叶，在高温快烤前，提前 2 d 喷施浓度为 200 mg/L 的乙烯利溶液能使烤后烟叶成熟度提高，化学成分含量的适宜性和协调性得到改善，乙烯利处理的高温快烤能提高上等烟和上中等烟比例，与未使用乙烯利处理比较提高 15%左右。

需要注意的是，在使用乙烯利进行烟叶催黄时要注意掌握乙烯利的使用时间、使用浓度及其用量，防止过度催熟烟叶导致严重挂灰和大量杂色。使用乙烯利对烟叶进行采后处理时，将刚采下的烟叶用浓度为 500 ~ 1 000 mg/L 的乙烯利溶液浸渍烟片，然后进行烘烤，烤烟颜色较黄。这种方法对不能正常褪色的大绿烟催熟最有效果。

使用乙烯利对烟叶进行催黄时，需要注意的是：① 乙烯利催熟效果与喷施浓度、季节和叶色等有关，未熟嫩叶比成熟烟促黄慢、效果差，但对在烘烤过程中不易变黄的浓绿烟叶，采收前最好喷施乙烯利来提高烤后质量；② 乙烯利处理对烟叶产量的影响主要取决于施药时间和药液浓度，施用过早、浓度过高都会造成减产；③ 经乙烯利处理的烟片，烘烤时间短，有些已经转黄的叶片，可直接进入小二火或中火期烘烤；④ 土壤施入氮肥多，达到成熟期时仍不落黄，可再加喷 1 ~ 2 次，烟叶即可落黄；⑤ 喷洒部位以叶背面效果最好。

乙烯利的商品制剂主要是 40%乙烯利水剂，有多家企业在烟草催黄方面进行了农药登记。

生产应用时，可以使用这些企业生产的 40%乙烯利水剂兑水稀释后进行处理，根据生产上不同的具体情况适当调整，参考上面提到的方法进行处理。

四、提高烟叶产量和质量

烟草产量和质量是由遗传特性、环境条件、栽培方法、调制技术等因素综合作用的结果，要解决烟草产量和质量的矛盾，就得从以上几个方面综合考虑。这些年来，南方烟区大面积推广种植优良烤烟品种，择土种植，调整密度，合理施肥，规范栽培，成熟采收，科学烘烤，烟株长成圆筒形或腰鼓形，单株有效叶 18 ~ 20 片，单叶重 7 ~ 8 g，基本实现了优质适产。

植物生长调节剂的科学运用，也能在一定程度上提高烟叶产量和质量，目前登记和报道应用的植物生长调节剂主要有三十烷醇和芸苔素内酯等。

1. 三十烷醇

在烟草定植后 10 d 开始，连续使用 200 mg/L 三十烷醇处理 4 次，间隔期 20 d 左右，各时期剂量分别为每株 10 mL、25 mL、40 mL 和 50 mL，三十烷醇促进烟草茎叶生长和提高产量的效果十分显著，主要是通过提高酶活性、增加叶绿素含量以及提高光合强度等生理效应来实现的；赤霉素能增加烟草的株高，促进硝酸还原酶活力，但是不能明显促进叶片干重和产量，三十烷醇和赤霉素的混用能增加三十烷醇对烟草生理及产量的效应，存在明显的增效关系。

三十烷醇的商品制剂有 0.1%三十烷醇微乳剂等，生产应用时，使用 0.1%三十烷醇微乳剂兑水稀释 2 000 倍左右进行叶面喷雾，在烟草团棵期至生长旺期叶面喷雾处理 2 ~ 3 次即可。

2. 芸苔素内酯

烟草中上部叶质量最好，下部叶质量最差。芸苔素内酯处理可促进烟株生长发育，扩大单株叶面积，促进光合作用和物质运输分配；改善烟叶化学成分，烟碱含量可增加 40% ~ 75%；提高上等烟比例。烟草团棵期以后，下午高温过后又有一定光照时，用 0.01 mg/kg 的芸苔素内酯，每亩喷洒 50 ~ 75 kg 药液，喷洒叶背面效果较好。可先喷下部叶，随后依次向上喷洒。喷药时，若加入 0.1%的硫酸锌，效果更好。

生产上登记开发的芸苔素内酯制剂主要有 0.1%可溶粉剂、0.01%可溶性液剂、0.01%乳油、0.15%乳油、0.007 5%水剂和 0.001 6%水剂等。生产上使用芸苔素内酯进行烟草植株处理时，可以使用 0.01%可溶性液剂稀释为 2 500 ~ 5 000 倍液进行叶面喷雾处理，在烟草团棵期至生长旺期叶面喷雾处理 2 ~ 3 次即可。

3. 赤霉素

烟草使用赤霉素处理后，烟叶面积增大，产量增加 15% ~ 20%，中上等烟比例提高，烟叶品质和色度无明显变化，烟碱含量减小，但糖/蛋白质的比例增加，经济效益增加 15%左右。

使用方法：在烟草大苗期培土后，用 15 mg/L 赤霉素叶面喷施，相隔 5 d 再喷一次。

赤霉素的商品制剂主要有 4%乳油和 10%可溶性片剂等，可以在苗期培土后选择 10%的赤霉素可溶性片剂，取少量水进行溶解，根据片剂的净重稀释成 10 ~ 20 mg/L 进行处理，如片剂的净重为 1 g 时，取一片 10%赤霉素可溶性片剂溶解稀释到 5 ~ 10 L 水中，即得 10 ~ 20 mg/L 赤霉素药液。

4. 萘乙酸

钾素含量是衡量烟叶品质的一项重要指标，它主要影响烟叶的燃烧性能。在烟叶的生产过程中，打顶被作为保证烟叶产量和品质而采取的一项技术措施，它能阻止叶片中的光合产物和根系吸收的矿物质养分向花器官中转移而造成浪费。但是，打顶也存在一些不利影响，主要有：打顶破坏了烟株茎顶端强大的生长库，使库源关系发生变化，影响植株体内同化产物和矿物质养分的分配。另外，地上部的钾回流到根系的比例增加，结果造成地上部特别是叶片中含钾量下降而影响烟叶品质。许多研究发现，生产中在打顶后用生长素处理，能够提高烟叶中的含钾量，同时降低烟叶中的烟碱浓度，提高烟叶品质。这些生长素类物质包括吲哚乙酸、哚丁酸和萘乙酸，其中以萘乙酸效果最佳。

研究报道的药剂处理方式有叶面喷雾，插入萘乙酸浸泡过的药签，涂抹含有萘乙酸的羊毛脂等方法，其中后两种处理方式对维持叶片钾素含量、降低烟叶烟碱含量效果显著。在烟草植株打顶后，涂抹 4.0 ~ 8.0 mg 萘乙酸，能提高各部位烟叶钾素相对含量 20% ~ 50%，降低烟碱相对含量 15% ~ 25%。

五、提高抗旱性

干旱胁迫容易对烟草幼苗造成伤害。生产上通过喷施 6-BA、2,4-D 和吲哚丁酸（IBA）等植物生长调节剂，在一定程度上减轻干旱胁迫伤害。在幼苗遭受干旱胁迫 3 ~ 5 d 时开始喷施效果好。2,4-D 和 IBA 的处理最适浓度为 20 ~ 30 mg/L，而 6-BA 处理最适浓度为 5 ~ 30 mg/L。

第四章
果树化学控制技术及其应用

植物生长调节剂调节果树的营养生长或生殖生长与发育，改变果树生长、发育的固有模式，使之能按生产需要，调控果树的生长发育，提高果树的产量与品质。如：促进种子萌发，或延长种子休眠；促进枝梢伸长，延缓或抑制枝梢生长；既可促花保果，又可疏花疏果；调节果实的成熟和保鲜期，改善果实品质；能增强果树的体质，提高抗病性，减少果园农药化肥使用量，保护生态环境；也可以代替人工控制果树生长发育，疏花疏果，以及改善果实品质，提高果品附加值，节省劳动力，降低生产成本等。植物生长调节剂具有成本低、收效快、收益高、省工省力的特点，而且传统的农业措施难以解决的某些技术环节，应用植物生长调节剂均可迎刃而解，在现代果树生产中已发挥出巨大的经济效益和社会效益，深受果农的欢迎和重视。因此，植物生长调节剂在果树上的应用已是生产上常用的栽培技术措施和现代果树生产技术之一。

第一节　果树常用植物生长调节剂的种类及其生理特性

目前在果树生产中应用的生长调节剂很多，主要有以下几种。

一、生长促进剂

1. 吲哚乙酸（IAA）

化学名称：氮茚基乙酸。

其他名称：异生长素、茁长素。

理化性状：纯品为无色结晶，熔点为 167 ~ 169 °C。微溶于冷水、苯、氯仿，易溶于热水、乙醇、乙醚、丙酮和醋酸乙酯，其钠盐和钾盐易溶于水。在酸性介质中极不稳定，在无机酸的作用下很快胶化，在 pH 值低于 2 时，室温下也会很快失去活性，但在碱性溶液中比较稳定。吲哚乙酸见光后能迅速被氧化，呈玫瑰色，活性降低，故应放在棕色瓶中贮藏或在瓶外用黑纸遮光。在植物细胞内不仅以游离状态存在，还可以与生物高分子等结合以结合态形式存在。吲哚乙酸在植物体内可与其他物质结合而失去活性。结合态吲哚乙酸常可占植物体内吲哚乙酸的 50% ~ 90%，如吲哚乙酰基天门冬酰胺、吲哚乙酸阿戊糖和吲哚乙酰葡萄糖等。这可能是吲哚乙酸在细胞内的一种贮藏方式，也是解除过剩吲哚乙酸毒害的解毒方式。它们经水解可以产生游离吲哚乙酸。

生理作用：抑制离层的形成；防止植物衰老；维持顶端优势；促进单性结实；促进细胞的伸长和弯曲；引起植物向光性生长。吲哚乙酸能活化质膜上 ATP（腺苷三磷酸）酶，刺激氢离子流出细胞，降低介质 pH 值，从而使有关的酶被活化，水解细胞壁的多糖、改变了细胞壁的弹性，使细胞壁软化而细胞得以扩伸。当吲哚乙酸转移至枝条下侧即产生枝条的向地性，当吲哚乙酸转移至枝条的背光侧即产生枝条的向光性。吲哚乙酸能够改变植物体内的营养物质分配，在分布较丰富的部分，得到的营养物质就多，形成分配中心。

主要用途：促进扦插生根；形成无籽果实；促进营养生长与生殖，防止落花落果，提高产量；促进种子萌发；组织培养中，诱导愈伤组织和根的形成等。

2. 吲哚丁酸（IBA）

化学名称：吲哚-3-丁酸。

理化性状：性状与哚乙酸相似，但比吲哚乙酸稳定。纯品为白色或微白色晶粉，稍有异臭，熔点 123 ~ 125 °C。不溶于水、氯仿，能溶于醇、酮和丙酮。剂型有 92%粉剂。小鼠腹膜注射每千克体重的半致死剂量（LDso）为 100 mg/kg，对人、畜低毒，吲哚丁酸具有生长素的活性，但是它在被植物吸收后不易在体内运输，往往停留在所施部位。与吲哚乙酸相比，吲哚丁酸不易被光分解，比较稳定；与萘乙酸相比，吲哚丁酸安全，不易伤害枝条；与 2,4-D 相比，吲哚丁酸不易传导，因此使用较安全。

生理作用：抑制离层的形成；防止植物衰老；维持顶端优势；促进单性结实；促进细胞的伸长和弯曲；引起植物向光性生长。

主要用途：促进扦插生根；形成无籽果实；促进营养生长与生殖，防止落花落果，提高产量；促进种子萌发；组织培养中，诱导愈伤组织和根的形成等。对促进插条生根效果优于吲哚乙酸，诱导的不定根多而细长。吲哚丁酸与萘乙酸混合使用，效果更好。

3. 萘乙酸：（NAA）

化学名称：1-萘基乙酸。

其他名称：α-萘乙酸、一滴灵。

理化性状：工业品为黄褐色粉末，纯品为无色无味结晶，分 α 型和 β 型，α 型的活力比 β 型强。通常所说的萘乙酸即指 α 型，熔点为 134.5 ~ 135.5 °C，不溶于冷水，微溶于热水，易溶于乙醇、乙醚、丙酮、醋酸和氯仿，在一般有机溶剂中表现稳定。其钠盐能溶于水。遇光变色，故应储放在避光处。对人、畜无毒。

生理作用：与吲哚乙酸有相同的作用特点和生理功能。可经叶片、树枝的嫩表皮以及种子进入植株体内，随营养流输导到全株起作用的部位。能加强植株的新陈代谢和光合作用，促进细胞分裂与扩大，刺激生长。

主要用途：提高抗逆性；诱导形成不定根，促进插枝生根；促进开花，改变雌雄花比率；防止落花，增加坐果率；疏花疏果；促进早熟和增产等。

4. 防落素（PCPA）

化学名称：对氯苯氧乙酸。

其他名称：促生灵、番茄灵。

理化性状：纯品为白色结晶，熔点 157 ~ 158 °C。不溶于冷水，能溶于乙醇、丙酮和酯等有机溶剂及热水。水溶液较稳定。对人、畜低毒。避免与嫩叶、幼芽接触，以免发生药害。

生理作用：与吲哚乙酸有相同的作用特点。喷洒防落素时，要注意避开幼芽和嫩叶，防止药害。

主要用途：防止落花落果；加速幼果发育；形成无籽果实等。

5. 赤霉素（GA）

其他名称：九二零、奇宝。

理化性状：活性强的赤霉素有 GA_1、GA_3、GA_7、GA_{30}、GA_{32}、GAas 等。目前生产中应用较多的赤霉素主要是赤霉素（GA_3），纯品为无色结晶，熔点 223 ~ 237 °C，难溶于水，易溶于醇类、丙酮、醋酸乙酯、醋酸丁酯、冰醋酸和 pH6.2 的磷酸缓冲液中，不溶于石油醚、苯和氯仿等。遇碱、热易分解，应储放于低温干燥处。市售“九二〇”储藏期仅一年，储藏期过长会失效。

生理作用：促进细胞分裂和伸长；诱导 α-淀粉酶合成；促进蛋白质和核酸合成；促进同化产物运转；促进单性结实；与脱落酸有颉抗作用。赤霉素处理后，在最初几天内，加快生长并不明显，只有在经过一段时期以后，生长速度才呈现出一个明显的高峰。其高峰出现的迟早，因作物种类而异，一般是在处理后的 5 ~ 15 d 左右。赤霉素的有效期也因作物种类而不同，一般为两周左右。赤霉素处理以后，生长速度出现高峰的时间和有效期的长短也受环境条件的影响，特别是与气温有密切关系，通常气温低，生长高峰向后推移，有效期也延长；气温较高，生长高峰则提早出现，有效期缩短。

主要用途：打破休眠，促进种子萌发；促进节间伸长和新梢生长；防止落果，提高坐果率；促进无籽果实形成，果实提早成熟；防止裂果；抑制花芽分化等。

6. 6-苄基氨基腺嘌呤（6-BA）

化学名称：6-(苄基氨基)-9-(2-四氢吡喃基)-9-H-嘌呤。

其他名称：BA、细胞分裂素、6-苄基腺嘌呤、绿丹。

理化性状：纯品为白色结晶，工业品为白色或浅黄色，无臭。纯品熔点 235 °C，在酸、碱中稳定，遇光、热不易分解。水中溶解度小，为 60 mg/L，难溶于水，微溶于乙醇，易溶于碱性或酸性溶液，在酸、碱溶液中较稳定。属低毒植物生长调节剂。在植物体内不易运转，使用时应直接将药液施用到作用部位。

生理作用：促进细胞分裂，诱导组织分化；解除顶端优势，促进侧芽生长；诱导叶绿素形成，增强光合作用；维持细胞膜结构完整性，延缓衰老；加速植物新陈代谢和蛋白质的合成，从而促进有机体迅速增长。

主要用途：促进种子发芽；诱导休眠芽生长；促进花芽的分化和形成；防止早衰及果实脱落；促进果实膨大；提高坐果率；储藏保鲜；组织培养；提高植物抗病、抗寒的能力等。

7. 氯吡脲（Forchlorfenuron）

化学名称：1-(2-氯-4-吡啶基)-3-苯基脲。

其他名称：吡效隆、调吡脲、脲动素、施特优、膨果龙、KT-30、CPPU。

理化性状：白色晶体粉末，有微弱吡啶味，熔点 171 °C。易溶于甲醇、乙醇、丙酮等有机溶剂，难溶于水，在热、酸、碱条件下稳定，易储存。

生理作用：其活性是 6-BA 的几十倍，具有加速细胞有丝分裂，对器官的横向生长和纵向生长都有促进作用，从而起到膨大果实的作用；促进叶绿素合成，使叶色加深变绿，提高光合作用；促进蛋白质合成。

主要用途：促进果实膨大；延缓叶片衰老，防止落叶；诱导芽的分化，打破顶优势，促进侧芽萌发和侧枝生成，增加枝数；防止落花落果；提高含糖量，改善品质，提高商品性等。

8. 芸苔素内酯（BR）

化学名称：(22*R*，23*R*，24*R*)-2α，3α，22，23-四羟基-β-高-7-氧杂-5α-麦角甾-6-酮，或(22*R*，23*R*，24*R*)-2α，3α，22，23-四羟基-β-均相-7-氧杂-5α-麦角甾烷-6-酮。

其他名称：油菜素内酯。

理化性状：白色晶体粉末，熔点 274 ~ 275 °C。原药难溶于水，水中的溶解度为 5 mg/kg。溶于甲醇、乙醇、氯仿、醋酸乙酯、丙酮、乙醚、异丙醇等有机溶剂。为低毒植物生长调节剂，对人、畜和环境安全。与多种常用杀菌剂、化肥、植物生长调节剂混配应用，具有显著的协同效应和加成效应，提高化肥的肥效和杀菌剂功效，降低农药药害。

生理作用：天然芸苔素内酯的活性是生长素的 1 000 ~ 10 000 倍，增强植物体内酶的活性；促进细胞分裂和伸长；促进植物营养和生殖生长，提高受精能力；增加光合作用。

主要用途：提高种子发芽率；提高坐果率；促进果实膨大，改善品质；增加产量；提高耐旱、耐寒性；增强抗病性等。

9. 吲熟酯（Ethychlozate）

化学名称：5-氯-1H-3-吲唑乙酸乙酯。

其他名称：疏果唑、丰果乐、J-455。

理化性状：原药为白色结晶，熔点 75.7 ~ 77.6 °C。难溶于水，易溶于甲醇、丙酮、乙醇、异丙醇等。正常储存条件下稳定，遇碱易分解，因此使用前或使用后 1 ~ 7 d 不能施用碱性农药。

生理作用：吲熟酯主要通过植物茎叶吸收，然后输送到根部，增进植物根系的生理活性。也可以促进释放乙烯使幼果脱落，起到疏果作用。还可以改变果实成分，提高果实品质。吲熟酯适宜在健壮的成年柑橘树上使用，弱树不宜使用。使用吲熟酯的最适温度为 20 ~ 30 °C，温度过高或过低不宜使用此药。施吲熟酯后遇雨不需重喷，以免发生药害。

主要用途：代替人工疏花疏果，节省劳力；增加糖度，提高品质；促进果实提早成熟等。

二、生长延缓剂和抑制剂

1. 矮壮素（Chlormequat chloride）

化学名称：2-氯乙基三甲基氯化铵。

其他名称：三西、稻麦立、氯化氯代胆碱、CCC。

理化性状：纯品为白色菱状结晶，有鱼腥臭，熔点 238 ~ 242 °C。易溶于水，吸湿性很强，易潮解，不溶于苯、二甲苯、乙醇和乙醚，微溶于二氯乙烷和异丙椎醇，性质比较稳定。可用于盐碱土或微酸性土壤。在酸性和中性介质中稳定，遇碱易分解，故不能与碱性农药混用。工业品多为含有 40%或 50%原药的水溶液或含矮壮素不易被土壤固定或被土壤微生物病分解，一般作土壤浇施效果较好。

生理作用：与赤霉素有颉抗作用，阻遏赤霉素的生物合成，抑制植物细胞的伸长；促进细胞分裂素含量增加。

主要用途：使植株矮化，茎秆变粗，防止徒长；使叶色变深，叶片加厚，增强抗病、抗寒、抗盐碱的能力；促进花芽分化，提高坐果率，增加产量等。

2. 甲哌鎓（Mepiquat chloride）

化学名称：氯化二甲基哌啶。

其他名称：缩节胺、健壮素、BAS、助壮素。

生理化性状：纯品为无色结晶，原药为浅灰白色结晶固体，熔点 285 °C（分解），制剂为粉红至紫色液体，易溶于水，可与多种杀虫、杀菌剂混用。

生理作用：甲哌鎓主要通过叶片，也可通过根吸收，然后很快传导到起作用部位。起多种调节生长的效应：如抑制赤霉素生物合成；抑制细胞伸长；增加钙离子吸收；增加叶绿素含量，提高光合作用。甲哌鎓在肥水条件好而徒长严重的田块，抑制作用显著，增产效果明显，而对肥水不足和生长不良的植株不宜施用。

主要用途：防止徒长，使树紧凑；提高坐果率，增加产量；增加糖度，促进成熟等。

3. 多效唑（Paclobutrazol）

化学名称：（2*RS*，3*RS*）-1-(4-氯苯基)-4,4-二甲基-2-(1H-1,2,4-三唑-1-基)-戊烷-3-醇。

理化性状：白色结晶固体，熔点 165 ~ 166 °C，溶于水，50 °C 时至少 6 个月内稳定。任何 pH 值下均稳定，在土壤中残效期可长达 3 年以上。工业品为 15%可湿性粉剂。对哺乳动物低毒。

生理作用：能抑制赤霉素的生物合成，减缓植物细胞的分裂和伸长；增加叶绿素含量，提高光合能力；降低蒸腾作用，提高抗旱能力。

主要用途：控制新梢生长；促进花芽分化；提高坐果率，增加产量；提高抗病、抗寒、抗旱力等。

4. 烯效唑（Uniconazole）

化学名称：（*E*）-1-对氯苯基-2-（1,2,4-三唑-1-基）4,4-二甲基-1-戊烯-3-醇。

其他名称：特效唑、高效唑、S-3307。

理化性状：纯品为无色结晶体，制剂常温下储存稳定。烯效唑属于低毒植物生长调节剂。

生理作用：生物活性为多效唑的 6 ~ 10 倍，是赤霉素生物合成的颉抗剂。主要通过叶、茎组织和根部吸收，进入植株后活性成分主要通过木质部向顶部输送，为抑制赤霉素的生物合成，使细胞伸长受抑，从而影响植株的形态，其在作物上具有矮化植株、促进分蘖、增加叶绿素、提高作物抗倒性以及增产的效果。用药量过高，生长被抑制过度时，可增施氮肥或用赤霉素解救。浸种会降低发芽势，随用药量增加更明显，浸种后的种子发芽会推迟 8 ~ 12 h，但对发芽率及苗生长无很大影响。大田增施钾、磷肥有助于发挥烯效唑的增产作用。

主要用途：控制营养生长，矮化植株；促进花芽分化，提高产量；增强抗逆性。

5. 丁酰肼（Daminozide）

化学名称：*N*-二甲基氨基琥珀酸。

其他名称：比久、SAD H、B-995、调节剂 995、B。

理化性状：纯品为微臭白色粉末，不溶于一般的碳氢化合物，易溶于热水。稳定性好。工业产品为 50%可溶性粉剂，具有良好的内吸传导性。药液随配随用，不可久置，变褐色后则不能使用。遇酸和强碱及土壤微生物分解，不能与碱性物质混合使用。避免药剂与皮肤接触，避免用铜器盛装。

生理作用：抑制内源赤霉素的生物合成和内源生长素的合成，从而抑制细胞分裂，控制新梢徒长，缩短节间长度，增加叶片厚度及叶绿素含量。

主要用途：诱导不定根形成；抑制新梢生长；促进花芽分化；提高坐果率，减少裂果；增加果实硬度；提高抗寒力等。

6. 诱抗素（Abscisic acid）

化学名称：3-甲基-5-(1-羟基-4-氧代-2,6,6-三甲基-2-环己烯-1-羟基)-3-甲基 2,4-戊二烯酸。

其他名称：脱落酸、ABA。

理化性状：熔点 160 ~ 161 °C，极难溶于水和挥发性油，但可溶于碱性溶液（如碳酸氢钠）、三氯甲烷、丙酮、醋酸乙酯、甲醇、乙醇等。强酸能使其失水，产生无活性物质。

生理作用：与 GA 有颉抗作用。

主要用途：抑制花芽萌动与新梢生长；促进衰老和脱落；促进着色等。

三、乙烯类——乙烯利（CEPA）

化学名称：2-氯乙基膦酸。

其他名称：一试灵、乙烯磷、乙烯灵。

理化性状：纯品为长针状无色结晶，工业品为淡黄色黏稠液体或蜡状固体，熔点 74 ~ 75 °C。乙烯利易溶于水、乙醇、乙醚，微溶于苯和二氯乙烷，不溶于石醚。水溶液在 pH 值 3 以下比较稳定，在 pH 值 4 以上逐渐分解，放出乙烯，并随着液体温度和 pH 值的增加，乙烯释放的速度加快，在碱性沸水浴中 40 min 就全部分解，故不能与碱性农药混用，不能用热水配制。对人、畜低毒，安全。乙烯利在空气中极易潮解，水溶液呈强酸性，对皮肤和眼睛有刺激作用，使用时应戴眼镜和手套。使用乙烯利时，温度应在 20 °C 以上，温度过低乙烯利分解缓慢，同时最好随配随用，放置过久会降低效果。乙烯利原液不能用金属容器放置，不然与金属容器发生反应放出氢气，会腐蚀金属容器。

生理作用：乙烯利被植株各器官如茎、叶、花、果实等吸收后，如果植物体内细胞液的 pH 值在 4 以上，便分解释放出乙烯气体而发生作用，抑制细胞分裂和伸长，控制顶端优势。不同植物种类及植物不同生长发育阶段的细胞液 pH 值不尽相同，所以乙烯利进入植物体内发生作用的速度也有很大差异，产生的效果也不尽相同。

主要用途：抑制新梢生长；疏花疏果；松动果梗、便于机械采收；促进成熟等。

四、甲壳素类

甲壳素，别名壳多糖、几丁质、甲壳质、明角质、聚乙酰氨基葡萄糖，化学名称：β-(1,4)-2-乙酰氨基-2-脱氧-D-葡萄糖，是目前除生长素、赤霉素、脱落酸、乙烯利和细胞分裂素、油菜素六大激素以外的一种新型、天然、安全的植物生长调节物质。甲壳素广泛存在于自然界的动、植物及菌类中。例如甲壳动物的虾、蟹、皮皮虾等的甲壳，含甲壳素 15% ~ 20%；鞘翅目、双翅目昆虫的表皮内甲壳，含甲壳素 5% ~ 8%；真菌的细胞壁，如酵母菌、多种霉菌以及植物的细胞壁含量也较多。地球上甲壳素的蕴藏量仅次于纤维素，其化学结构和植物纤维素非常相似，是六碳糖的多聚体，分子量都在 100 万以上。甲壳素的基本单位是乙酰葡萄糖胺，它是由 300 ~ 2 500 个乙酰葡萄糖胺残基通过 β-1,4 糖苷链相互连接而成的聚合物。甲壳素的分子结构中带有不饱和的阳离子基团，因而对带负电荷的各类有害物质具有强大的吸附作用。甲壳素外观为类白色无定形物质，无臭、无味，能溶于含 8%氯化锂的二甲基乙酰胺或浓酸，不溶于水、稀酸、碱、乙醇或其他有机溶剂。目前，生产中应用的甲壳素类植物生长调节剂主要有以下两种。

1. 壳聚糖（Chitosan，CTS）

化学名称：β-(1,4)-2-氨基-2-脱氧-D-葡萄糖，简称聚氨基葡萄糖。

其他名称：甲壳胺。

理化性状：壳聚糖纯品为白色或灰白色无定形片状或粉末，无臭、无味、无毒性，纯壳聚糖略带珍珠光泽。可以溶解于许多稀酸中，如水杨酸、酒石酸、乳酸、琥珀酸、乙二酸、苹果酸、抗坏血酸等，不溶于水。壳聚糖是甲壳素经浓碱处理脱去其中的N-乙酰基达55%以上形成的衍生物，它是除蛋白质以外含氮量最大的有机氮源。壳聚糖在果树上应用不会产生任何毒副作用，在土壤中经微生物可被甲壳酶、甲壳胺酶、溶菌酶、蜗牛酶水解，分解后的最终产物氨基葡萄糖及CO_2，可被植物吸收，对土壤微环境不会造成不利影响。同时，壳聚糖是一种正电荷高分子阳离子多聚糖，有良好的抑制微生物、细菌、霉菌的作用，可以应用于食品保鲜，壳聚糖制成溶液喷涂于经清洗或剥除外皮的水果上，干后形成的薄膜食用时不必清除。

主要用途：促进生长，增加产量；改善品质；延长水果的保鲜期；提高抗病性；改良土壤等。

2. 壳寡糖（chitosan oligosaccharide，chito-oligosaccharide）

化学名称：β-1,4-寡糖-葡萄糖胺。

其他名称：氨基寡糖素、壳聚寡糖、几丁寡糖、低聚壳聚糖。

理化性状：壳寡糖纯品为土黄色粉末，无臭、无味、无毒性，溶于水，易吸潮。壳寡糖是壳聚糖经生物酶技术进一步降解，获得的2～10个氨基葡萄糖以1,4-糖苷键连接而成的低聚糖。壳寡糖是甲壳素、壳聚糖的升级产品，也是自然界中唯一带正电荷阳离子碱性氨基低聚糖，具有水溶性好、生物活性高、易被生物体吸收、纯天然等壳聚糖不可比拟的优点。

主要用途：提高光合作用，促进生长，增加产量；改善果实品质；延长水果的保鲜期，减少腐烂；可诱导植物的抗病性，对多种真菌、细菌和病毒产生免疫和消灭作用，提高抗病性与抗逆性；改变土壤菌群，促进有益微生物的生长，降解土壤的有毒物质，提高肥料吸收利用率等。

第二节　植物生长调节剂在果树上的应用

一、促进插条生根

扦插是利用果树的枝条进行扦插育苗的一种无性繁殖方法，能保持品种的特性，可大量繁殖。使用适当的植物生长调节剂扦插繁殖果树，可提高成活率和促进根的发生，萌芽整齐，成苗快。促进插条生根的生长调节剂主要有吲哚乙酸（IAA）、吲哚丁酸（IBA）、萘乙酸（NAA）、苯酚化合物、ABT 生根粉等，生产上应用最多的是 IBA、NAA、ABT 生根粉。树种、品种不同，使用的生长调节剂种类和浓度不同。促进生根用生长素速蘸使用的浓度一般为 1 000～5 000 mg/L，而浸泡则用 20～200 mg/L。

促进插条生根常用浸沾法，又因浸沾时间长短和剂型不同分为以下 3 种。

（1）快浸法。

采用吲哚丁酸或吲哚乙酸 1 000 mg/L 高浓度溶液。使用时取 1 g 吲哚丁酸用少量酒精溶解，然后加水 1 kg，即为 1 000 mg/L 吲哚丁酸溶液。把配制好的溶液放在平底盆中，药液深度为 3～4 cm，然后将一小捆一小捆的葡萄插条直立于容器中，浸 5 s 后取出晾干即可扦插于苗床中。此法操作简便，设备少，同一溶液重复使用，用药量少，速度快。

（2）慢浸法。

将吲哚丁酸配制成 25（易生根的品种）～200 mg/L（不易生根品种）溶液，再将插条基部浸入药液中 8～12 h 后取出扦插。此法浸沾时间长，大批量插条时需较多的容器，用药量大。红地球葡萄嫩枝用 3-吲哚丁酸 150 mg/L，浸泡 1.5 h，生根率达 92.5%，生根量 24.0 条/株，生根长 11.3 cm，生根效果较好，嫩枝扦插成活率达 92.0%（段玉忠等，2014）。难生根的野生毛葡萄插条，用 150 mg/L 的吲哚丁酸药液浸泡插条基部 5 cm 处 24 h，扦插在河砂：珍珠岩：泥炭体积比为 1∶1∶1 的混合基质上，同时经过根部加温、插条缠膜、基质覆膜等综合技术措施，生根率可以达到 67.5%（薛进军等，2012）。

红地球葡萄嫩枝用 GGR 6 号绿色植物生长调节剂 150 mg/L，浸泡 1.5 h，生根率达 94.8%，生根量为 28.0 条/株，生根长 14.8 cm，生根效果较好，葡萄嫩枝扦插成活率达 94.0%，扦插成活率比对照提高 54.0%以上（段玉忠等，2014）。

（3）沾粉法。

先把吲哚丁酸配制成粉剂，即取 1 g 吲哚丁酸，用适量 95%酒精或 60°烧酒溶解，然后再与 1 000 g 滑石粉充分混合，酒精挥发后即成 1 000 mg/L 的吲哚丁酸粉剂。扦插时先将插条基部用水浸湿，再在准备好的吲哚丁酸粉剂中沾一沾，抖去过多的粉末，插入苗床中。

二、打破种子休眠，促进种子发芽

种子休眠是果树发育过程中适应环境条件及季节性变化的一个正常生理现象，落叶果树种子都要经过后熟阶段休眠期才能发芽。在生产上，若不能及时解除种子休眠，往往出现发芽率低甚至隔年发芽的现象，严重影响正常育苗工作。植物激素对种子休眠与萌发的调控起着至关重要的作用，植物生长调节剂处理能促进种子内部的一些生理生化变化，使种子解除休眠。植物生长调节剂能打破种子休眠，缩短层积处理时间，促进萌发，提高种子发芽率和发芽势，是培育壮苗的一种简单易行的方法。

用 200 mg/L 赤霉素溶液浸泡苹果砧木八棱海棠种子 24 h，再低温层积 60 d，其发芽率比直接沙层积的相应指标高。去皮的新疆野苹果种子低温层积 30 d 后用 500 mg/L

GA_3处理，提高了种子的发芽率；樱桃种子采收后立即浸于 GA_3 中 24 h，可使后熟期缩短 2 ~ 3 个月，或将种子在 7 °C 冷藏 24 ~ 34 d，然后浸于 100 mg/L GA_3 中 24 h，播种后发芽率达 75% ~ 100%。在中国樱桃胚培养基中加入 BA 可代替低温层积处理而打破种胚休眠，萌发率高达 100%。对早熟杏进行胚培养时，在 1/2MS 培养基中附加 2 mg/L 的 BA 可打破杏胚休眠，成苗率为 83.3%。核桃用 1 000 mg/L 的乙烯利浸种催芽，能提早发芽和提高发芽率。

三、调控新梢生长

在我国南方地区，雨水多，气温高，热量多，果树枝梢的生长量较大，幼年荔枝、龙眼、柑橘一年抽梢 5 ~ 8 次，成年结果树也抽梢 3 ~ 6 次。而枝植的营养生长和开花结果的生殖生长互为消长关系。常绿果树的花芽生理分化期以冬季为主，冬天枝梢的营养生长影响到花芽分化，生产上必须抑制冬梢的生长。夏天幼果发育期，新梢生长诱导幼果脱落的现象较普遍，在鳄梨、葡萄、柑橘、龙眼、苹果、油桃、荔枝、澳洲坚果等果树上均有所报道。新梢生长导致的落果，实质上是调节树体的果实负荷量，新梢生长与果实发育的关系并不是一直存在营养竞争的关系。当新梢叶片转绿后，新梢叶片逐渐老熟，开始有净光合产物产生，反而有利于果实后期的生长发育。生产上常通过平衡施肥、环割、人工抹梢或化学药物控（杀）梢等方式控制新梢生长，以期获得更高产量。化学药物调控新梢生长具有高效、低成本的优点。

1. 延缓或抑制新梢生长

PP_{333}可抑制苹果、核桃、桃、李、无花果、樱桃等多种果树的营养生长，使节间缩短，树体矮化；核桃在春季新梢长 15 cm 左右时，叶面喷施 1 000 ~ 2 000 mg/L 的 PP_{333}，可显著抑制其营养生长。

2. 控制顶端优势，促进侧芽萌发

6-苄基腺嘌呤（6-BA）可促进侧芽萌发，并形成副梢，也能促进已经停止生长的枝条重新生长。以 6-BA 为主要成分的软膏制剂——发芽素，用于苹果、山楂、欧洲甜樱桃等多种果树幼树，能实现定位发枝。

3. 促进或延迟芽的萌发

赤霉素（GA）可以打破某些果树的休眠，促进萌芽。BA 也有类似作用。秋季使用生长调节剂使树体提前落叶，可促进芽翌春提早萌发。甜樱桃于覆盖前 10 d 喷 40% 乙烯利 600 倍液，迫使树体提前落叶，9 月初覆盖，11 月中旬开始升温，结果比人工摘叶对照萌芽整齐，坐果率高，果实比露地栽培提早 127 d 上市。樱桃可于正常落叶前 2 个月喷低浓度的乙烯利（250 或 500 mg/L），可推迟花期 3 ~ 5 d；秋季喷施 GA_3（50 mg/L）能推迟花期约 3 周，可避免干旱、晚霜的危害。

4. 控制萌蘖发生

用高浓度的生长素如 0.5% ~ 1%的萘乙酸（NAA）涂抹剪口或锯口，可阻止其下部的枝条旺长或萌蘖发生。红富士苹果初果期幼树于春季在回缩锯口的枝段上刻伤，涂抹 1 500 ~ 2 000 mg/L 的 PP_{333}，不仅可以减少萌蘖数量，还可有效地抑制其旺长。

四、调控花芽分化

早在 1865 年 Sachs 就提出了植物开花是由于有诱导开花物质的观点。Clark 与 Kerns（1942）首先用萘乙酸处理凤梨，引起营养植株开花。此外，荔枝在夏威夷一般开花较少，Shigeura（1948）用萘乙酸喷施后，则有 85% ~ 90%的植株开花。事实上花芽分化过程是植物激素和营养物质在空间和时间上相互作用的结果。试验证实 GA 对苹果、梨、桃、柑橘、葡萄、荔枝、龙眼、芒果、杏等木本果树的花芽分化具有抑制作用，却对一些草本植物具有促进花芽分化的作用，如外施 GA 可促使长日照植物在短日照条件下花芽分化。生长素对果树花芽分化也起着抑制的作用，荔枝嫩梢顶端植物生长素含量下降较低时花芽才开始分化；人工合成的生长素类物质萘乙酸能诱导乙烯产生，从而促进菠萝开花，但对其他木本果树的作用都是抑制花芽分化。细胞分裂素促进苹果、葡萄、柑橘、荔枝的花芽分化。脱落酸的增加有利于荔枝花芽分化。

1. 促进花芽分化

促进成花的生长调节剂主要有 PP_{333}、乙烯利、6-BA 等。在桃、猕猴桃等多个树种上，尤其是幼树，施用 PP_{333} 能明显地抑制树体过旺的营养生长，促进成花。对营养生长过旺的金太阳杏幼树喷施 300 或 350 倍 PP_{333} 水溶液，可有效抑制新梢旺长，促进花芽形成，增加短果枝和花束壮果枝的比例。PP_{333} 对桃、李、樱桃等核果类促花效果均很明显。红富士苹果施用 PBO（PP_{333}+BA+ORE+微量元素）可显著提高花芽分化数量。

2. 抑制花芽分化

GA_3 能抑制多种果树的花芽分化。在花诱导期，喷施 50 ~ 100 mg/L GA_3 可以减少桃花芽形成数量约 50%。扁桃于花芽生理分化期喷施 100 mg/L GA_3，可抑制花芽形成，而花芽质量未见异常。

3. 调节花的性别分化

板栗在雌花分化期叶面喷施 50 mg/L、100 mg/L GA_3 和 BA 100 mg/L，能显著提高雌花分化率，降低雄花与雌花的比值，GA_3 处理时板栗雄花节位减少。乙烯利对板栗雌花分化具有显著的抑制作用，促进雄花分化，并使雄花节位增多。核桃幼叶喷施三碘苯甲酸（TIBA）+GA_3 时，可增加雌花芽数量；喷施整形素可有效地增加核桃雄花败育数量，但不影响雌花分化数量。

五、保花保果，提高坐果率

落花落果是果树自我调节的生理活动，但是脱落的迟早或程度受外界条件的影响，也受植物本身的遗传特性、生理状态特别是植物激素的影响。早在 1951 年 Shoji 等证实植物在器官衰老及脱落过程中，生长素含量减少，用 2,4-D 等喷到苹果和柑橘上可以增加果实的激素含量，提高坐果率。目前果树生产上施用植物生长调节剂提高果实坐果率、增加产量已成为基本的栽培措施，常用的起保花保果作用的植物生长调节剂有 2,4-D、GA_3 和细胞分裂素等。

盛花期喷施 2,4-D 可促进巴旦杏坐果，提高坐果率。甜柿在盛花期喷 80 mg/L GA_3 可提高坐果率 32.1%。枣树初花期喷施 100 倍 PBO 可提高坐果率 2 ~ 3 倍。CPPU 可提高柿的坐果率。板栗用 ABT-10# 20 ~ 30 mg/L 在花期、幼果迅速发育期重点喷施雌花结果部位，可提高坐果率，增产 15%。NAA 可防止仁果类、核果类、枣等多种果树的采前落果。

六、诱导无核果

无核果又称无籽果，无籽是果实优良性状之一，单性结实无籽果具有更高的商品价值。无籽果实通常是指果实没有种子或只有少量败育种子果实。1934 年 Yasudae 用花粉提取物处理雌蕊，得到无籽果（单性结实），后来发现花粉里含有大量的生长素；Gustafson 用人工合成的吲哚乙酸和吲哚丁酸等混合于羊毛脂里处理番茄、青椒、茄子、南瓜的子房，也得到无籽果实。随后，许多学者用各种植物生长调节剂及其化学物质处理各种植物的雌蕊获得成功，我国科学家黄昌贤在 1938 年已经利用生长素诱导产生无籽西瓜。1967 年 Frank 等从未成熟的苹果种子中提取了一种含有赤霉素的物质，并将之应用于同一品种未授粉的花中，也得到了成熟无籽果实。

已经明确果实的形成和发育与植物激素有关，外施生长素、赤霉素和细胞分裂素均可刺激正常情况下不能单性结实的树种单性结实，形成无籽果实。目前，赤霉素在葡萄、枇杷等品种的无核研究中已经取得成功，并已应用于栽培中。用赤霉素等药剂处理花序，可以避免子房受精，产生种子，形成无籽果实。

据王范亭（1989）试验，巨峰葡萄盛花期用 200 mg/L 卡那霉素+200 mg/L 链霉素+50 ~ 150 mg/L 赤霉素，无核率达 100%。邱文华（2004）在花前 12 d 至初花期用 100 mg/L 的链霉素+20 ~ 100 mg/L 的赤霉素处理 1 次，于盛花后 10 ~ 15 d 再用 50 ~ 100 mg/L 的赤霉素处理 1 次，促进无核化效果明显。季晨飞等（2013）试验研究表明：在红宝石玫瑰葡萄于开花前 13 d 喷 1 次 12.5 mg/L、盛花期喷 1 次 GA_3 12.5 mg/L，配合盛花后 11 d 再喷 1 次 GA：25 mg/L+CPPU 5 mg/L，处理效果最适宜，无核率 100.0%，单粒重 14.2 g，可滴定酸含量 0.20%，可溶性固形物含量 17.19%。张瑛等（2013）试验表明：在玫瑰香葡萄开花前 2 d 用 20 mg/L GA_3 处理花穗，15 d 后再用 10 mg/L GA_3+2 mg/L KT-30+10 mg/L ABA 处理一次，能获得与常规有核栽培大小及品质基本一致的无核化果实。红地球葡萄花前一周施赤霉素 25 mg/L，花后两周再施以赤霉素 25 mg/L 和氯吡脲 5 mg/L 处理，使红地球葡萄无核率达到 98.1%；可溶性固形物含量有所降低，说明该处理可提高红地球葡萄的无核率，增加单果重量，但会在一定程度上降低果实品质（段永照等，2014）。

无核化处理的第二、三次一般使用果增大剂。对无核白鸡心葡萄，在花后 5～10 d 用 30～50 mg/L 赤霉素浸蘸果穗 3～5 s，可使果粒增大至 9～10 g，果穗增大 2 倍，并且提早成熟 5～8 d。据叶明儿（1997）试验，巨峰葡萄盛花后 10 d、20 d 果穗分别喷布大果乐一次，能使无核果发育成有核果一样大小，果实增大达 50%以上。

七、调控果实成熟

香蕉、番木瓜、菠萝等属于呼吸跃变型水果，完全成熟后变软，易腐烂，很难储藏和运输，因此，果实储运时以成熟度为 7～9 成的青硬期最好，食用前才催熟。储藏期果实淀粉和含糖量逐渐下降，果肉逐步变软，果实品质达最佳后便逐渐下降，甚至过熟、腐烂。

香蕉的催熟方法中涉及乙烯利和乙烯催熟，对 7～8 成熟的香蕉喷洒 500～700 mL/L 乙烯利溶液，48 h 后香蕉果实开始着色和软化，4～5 d 后果肉松软，甜度增加，并有香味。

用甲基环丙烯（1-MCP）处理可明显延缓果皮叶绿素的降解，抑制果皮转色，对延缓果皮黄化有明显的作用,但效果与处理时香蕉的成熟度及 1-MCP 的使用浓度有关。200 μL/L 1-MCP 处理显著地抑制了在 20 °C 条件下香蕉果实采后硬度的下降、可溶性固形物和可溶性糖含量的上升以及可滴定酸含量的变化，从而延缓香蕉后熟进程，但不会降低香蕉的综合食用品质。

GA_3 处理可推迟油桃脂氧合酶（LOX）活性氧的到来，提高果实清除活性氧的能力，使 H_2O_2 含量降低，减少 MDA 含量，使果实膜脂过氧化程度减轻，从而延缓油桃衰老。采前 10 d 喷洒 50 mg/L GA_3 可明显延缓果实的软化进程，提高桃的耐藏性。经赤霉素处理的大久保桃，在采收时硬度为 10.1 kg/cm^2，未处理则为 9.2 kg/cm^2，说明在采前赤霉素就已发挥了作用。储藏 17 d 后，硬度为 3.5 kg/cm^2，未处理则为 1.7 kg/cm^2，两者相差 1 倍。因为赤霉素可提高果实的活性氧清除能力，减轻膜脂过氧化程度，在采前和采后使用都能延长储藏期。

八、果实的保鲜

果实自幼就产生乙烯，果实接近成熟时，果实乙烯含量增加。促进或阻止果实内乙烯合成的因素，也是促进或延迟果实成熟的因素。

1. 1-甲基环丙烯（1-MCP）

1-MCP 是一种乙烯竞争性抑制剂，通过阻止乙烯和受体的结合，减少内源乙烯的产生从而达到延迟衰老的目的。

适宜浓度的 1-甲基环丙烯（1-MCP）处理有利于保持葡萄采后储藏品质和果实抗性，延缓果实衰老。王宝亮等（2013）研究表明，1.0 μL/L 1-MCP 处理能明显降低巨峰葡萄果梗呼吸强度和乙烯释放量峰值，可在一定程度上抑制果粒的呼吸强度，保持果实较高维生素 C 含量，显著降低果梗褐变指数及果梗霉菌指数。宋军阳等（2010）研究表明，1-MCP 可明显提高葡萄果粒耐压力，最佳浓度是 1 μL/L，其次是 0.1 μL/L；1-MCP 处理在储藏后期可提高葡萄果实可溶性固形物含量。

经 MCP 处理的梨果实储藏 20 d 后，好果率保持 93.33%，其货架期达到 20 d，比对照延长 10 d。

金太阳杏果实采后用 0.35 μL /L 1-MCP 熏蒸处理 12 h，能较好地保持果实的硬度，降低果实腐烂率，降低呼吸强度，对于维生素 C、可滴定酸、可溶性固形物的保持也有较好效果。凯特杏果实采后用 1.0 μL/L 1-MCP 处理，可以显著地降低乙烯释放速率和呼吸速率，延长储藏期。对火村红杏果实用 1.0 μL /L 1-MCP 真空渗透处理后，于 0 °C 储藏 2 周，再转到货架期（23 ~ 25 °C）储藏，结果表明，1-MCP 处理能有效地抑制货架期杏果实呼吸强度和乙烯释放量，延缓果实硬度、可滴定酸和抗坏血酸含量的下降，抑制类胡萝卜素的合成，推迟果实色泽的转变，明显延缓货架期杏果实后熟软化，使果实的品质风味更加突出。

0.5 μL/L 1-MCP 处理可明显抑制蓝丰蓝莓果实的呼吸强度和乙烯的生成，延缓果实还原糖含量、细胞膜透性的升高，并减缓硬度、总可溶性固形物、可滴定酸、总酚含量的下降，有效减少膜脂过氧化物的产生，显著抑制果实的腐烂，保持果实的采后品质。

2. 水杨酸

用 69 mg/L 和 138 mg/L 水杨酸处理可延缓香蕉果实的软化，延长香蕉果实的储藏寿命。

3. 赤霉素

在香蕉采收前 20 ~ 30 d，用 50 mg/L 赤霉素溶液喷洒 1 遍，收获后在包装时以 20%多菌灵溶液洗果，可使香蕉保鲜效果更好。对新采摘下来的香蕉用 1 mg/L CPPU+50 mg/L GA_3 喷施，可以延缓果面颜色的变化，降低其呼吸速率，延缓自然褐变的发生，此外还可以使可溶性糖分的积累、水分散失速度降低。这些都能够延缓果实成熟和变软，从而保持颜色不变和抵抗真菌侵染，延长货架期。

4. 乙烯吸收剂

香蕉、大蕉和粉蕉经防腐剂处理后用聚乙烯薄膜袋包装并加入乙烯吸收剂，在常温下可延长其储藏寿命 20 ~ 40 d。其中，以活化铝颗粒或珍珠岩作载体制成的乙烯吸收剂效果较好。将乙烯吸收剂应用于商业性香蕉运输保鲜，好果率从 62.5%提高至 95.7%。

第五章
蔬菜化学控制技术及其应用

蔬菜是指可以做菜、烹饪成为食品的一类植物或菌类，蔬菜是人们日常饮食中必不可少的食物之一。蔬菜可提供人体所必需的多种维生素和矿物质等营养物质。目前蔬菜种类涉及 20 多个科，包括 300 多种植物，较常见的有 80 多种。按照作为蔬菜产品的器官，可以将蔬菜分为 5 大类，即：根菜类、茎菜类、叶菜类、花菜类、果菜类。根菜类是指产品器官为根的蔬菜，包括肉质根为食用器官的萝卜、胡萝卜、根用芥菜、芜菁等，以及以块根为食用器官的豆薯和葛。茎菜类是指食用器官为茎或变态茎的蔬菜，如产品为地下茎的马铃薯、菊芋、莲藕、姜、荸荠、芋头，以及地上茎类的莴笋、竹笋、芦笋、茎用芥菜等。叶菜类通常以普通叶片或叶球、叶丛、变态叶为产品器官，如小白菜、芥菜、菠菜、莴苣、芹菜、韭菜、芫荽等以普通叶片为产品器官，大白菜、甘蓝、结球莴苣和包心芥菜等则以叶球为产品。花菜类以花、肥大的花茎或花球为产品器官，如花椰菜、金针菜、青花菜、菜心和紫菜苔等。果菜类以幼嫩果实或成熟的果实为产品器官，包括黄瓜、苦瓜、冬瓜、丝瓜等瓜类蔬菜和西瓜、甜瓜等鲜食瓜类，以及辣椒、番茄、茄子和各种豆类蔬菜。蔬菜栽培中通常以农业生物学特性作为依据进行蔬菜分类，将蔬菜分为瓜类、茄果类、豆类、十字花科类、绿叶菜类、葱蒜类、根菜类、薯芋类、水生蔬菜类、多年生蔬菜类和食用菌类等 11 大类。

传统的蔬菜栽培措施侧重运用外部条件来影响植物生长状况，而应用化学调控技术后，证明在外部条件加植物激素水平进行双重调控，在蔬菜生产中产量、品质的提高和周年供应等方面已发挥更大的作用。20 世纪中叶以来，随着植物生长调节剂研发的进步，应用植物生长调节剂调节植物的生长发育，已逐渐成为当前蔬菜科学研究和应用中一个十分活跃的领域，植物生长调节剂在控制蔬菜种子萌发和植株生长、促进插枝生根、培育壮苗、提高抗逆力、控制花性别转化、促进开花、保花保果、增加结实、形成无籽果实、改善品质、促进成熟、延长储藏保鲜期等方面发挥越来越重要的作用。

一、促进插条生根

生长素类物质可以促进插条生根，特别对一些难以生根、较为名贵的植物种类和重要的材料，以生长素促根，可以加快繁殖、保存材料，有重要的经济价值。生长素类调节剂中，α-萘乙酸、萘乙酰胺、吲哚乙酸和吲哚丁酸等，都有不同程度促使插条形成不定根的作用。

1. 番茄

番茄容易产生不定根，采用普通方法进行扦插繁殖育苗，虽然可以成活，但成活率较低，利用植物生长调节剂对插条进行处理，可明显提高成活率：① 选取生长健壮的番茄植株侧枝，长度 8 ~ 12 cm，将其下端用锋利的小刀削成斜面，再用 50 ~ 100 mg/L 的萘乙酸或 50 mg/L 的萘乙酸与 100 mg/L 的吲哚丁酸混合液，浸泡处理 10 min，然后将其插入准备好的用沙与蛭石或与珍珠岩混合而成的基质中；② 将侧枝直接插入 50 ~ 100 mg/L 的萘乙酸溶液中进行浸泡处理，直至生根后进行移栽。

2. 辣椒

为促进辣椒移栽苗生根及扦插成活，可采用以下调控措施：① 辣椒幼苗移栽时，用 50 mg/L 多效唑溶液浸泡根部 1 min，能明显提高成活率，缩短缓苗时间，有壮苗增产效果。② 辣椒扦插繁殖时，用 2 000 mg/L 的萘乙酸溶液，在扦插前浸泡插枝 3 ~ 5 s，能促进插条生根。③ ABT 生根粉能有效地促进辣椒植株地下生根和地上发枝，有效提高单株挂果数及单位面积产量。使用方法是在辣椒苗移栽时，用 10 mg/L 的 ABT4 号溶液浸泡幼苗根 30 min，或将辣椒苗用 10 mg/L 的 ABT 10 号溶液浸根 15 min。

3. 茄子

茄子苗期较长，可达 70 ~ 120 d。利用插条繁殖，可大大缩短育苗时间，提高生产效率。但插条也存在着缓苗时间长、成活率低等问题，而用 2 000 mg/L 的萘乙酸溶液，浸泡枝条 3 ~ 5 s，晾干后进行扦插，可以提高成活率和缩短缓苗时间。

二、调节种子和块根块茎发芽

种子发芽，除了需要适宜的温度、水分和氧气等先决条件外，要使种子顺利发芽，还须打破种子的休眠。利用植物生长调节剂，如赤霉素、细胞分裂素、油菜素内酯和三十烷醇等，可打破种子休眠，提高发芽率；也可用于促进马铃薯、甘薯等块根块茎的发芽。同样也可利用植物生长调节剂抑制马铃薯、甘薯等块根块茎的发芽。

1. 打破马铃薯休眠的化控

马铃薯块茎收获后有一定的休眠期，这对马铃薯的储藏有利，但如果要用这些块茎做种进行生产时，又成了障碍。可采用暖种后晒种来促进萌发，也可用生长调节剂打破休眠：① 赤霉素处理：将种茎切块后放在浓度为 0.5 ~ 1.0 mg/L 的赤霉素溶液中浸泡 5 ~ 10 min，取出之后，将切面向上，晾干切片上面的水分就可直接下种。或用 10 ~ 20 mg/L 的赤霉素溶液喷施马铃薯块茎，喷至薯块表面完全湿润为止，8 h 后，再喷施一次，晾干后下种。在采收前 1 ~ 4 周内，用 10 ~ 50 mg/L 的赤霉素溶液喷洒全株，也有促进种薯萌发的作用。② 石油助长剂处理：播种前，用 10 mg/L 的石油助长剂浸泡种薯 2 h，取出晾干后下种。③ ABT5 号处理：播种前用 10 ~ 15 mg/L 的 ABT 5 号溶液，浸薯 0.5 ~ 1 h，取出晾干后下种。④ 硫脲处理：将薯块放在 500 ~ 1 000 mg/L 的硫脲溶液中浸泡 4 h，取出后密闭 12 h，然后将其埋在湿沙中 10 d，薯块就可以发芽。⑤ 氯乙醇处理：将薯块放在 1.2%的氯乙醇溶液中，浸湿后立即取出，密闭 16 ~ 24 h，即可直接播种，也可用 0.1% ~ 0.2%高锰酸钾浸种 10 ~ 15 min，促使种薯打破休眠。

2. 抑制马铃薯发芽的化控

马铃薯在储藏和运输过程中，必须控制马铃薯发芽。马铃薯发芽容易造成重量损失，外皮皱缩，甚至腐烂，同时还会产生龙葵碱，对人畜有毒，不能食用。用生长调节剂可延迟储藏期，并能有效地防止马铃薯发芽。具体操作：第一，在马铃薯采收前 15 ~ 20 d，在田间喷施萘乙酸钠盐溶液，可抑制储藏期间马铃薯块茎发芽。喷施时用 100 g 萘乙酸钠盐，兑清洁水 10 L，摇匀后立即可喷施马铃薯植株，以喷湿为宜。第二，在马铃薯块茎收获后的储藏期间，用萘乙酸甲酯抑制马铃薯块茎发芽。将萘乙酸甲酯溶液喷洒在干土或纸片上，然后将土或纸片与马铃薯混合，100 ~ 500 g 萘乙酸甲酯处理 5 000 kg 马铃薯。该方法简便，适合大量处理，且容易控制，储藏期长。第三，氯苯胺灵（CIPC）是世界上应用最广泛的马铃薯抑芽剂，它可自动升华为气体，然后作用于萌动的幼芽，抑制细胞有丝分裂，使萌动的芽很难发芽生长。将马铃薯分成若干层后，用喷粉器轻轻地把药粉吹入薯堆中，一般每吨无泥土的清洁马铃薯用 0.7%氯苯胺灵粉剂 1.4 kg。用 1%的氯苯胺灵溶液浸泡薯块，也可起到抑芽的作用。

3. 打破莴苣种子休眠的调控

在高温下，莴苣种子处于休眠状态，不能发芽。秋季莴苣播种期为 7 ~ 8 月份，此时正是炎热季节，直接播种，种子发芽率很低，不足 15%，需要用井窖、冰箱等低温处理种子，打破休眠，才能发芽。可以通过用 5 mg/L 6-BA 或 5 mg/L 赤霉素浸种 8 h 左右，再用自来水冲洗干净，即可播种，发芽率提高到 80%左右，若将 6-BA 和赤霉素混合使用，效果更好。但使用 6-BA 和赤霉素处理种子时，应注意浓度不超过 7.5 mg/L，否则会降低发芽率，造成药害。

三、促进细胞分裂和伸长

生长素、赤霉素、细胞分裂素和油菜素内酯等植物生长调节剂，都有促进细胞伸长的作用。赤霉素可促进茎、叶生长。这在芹菜、菠菜和莴苣等蔬菜上，已有大量应用。细胞分裂素除了促进细胞伸长，使细胞体积加大外，更重要的是促进细胞分裂。

1. 促进芹菜生长的调控

（1）用 GA 处理，能促进叶柄伸长、色白、质软，直径增大。在芹菜采收前 15 d 左右，喷施浓度为 50 mg/L 的赤霉素，每亩喷药液 40 ~ 50 L，可增强芹菜的抗寒力，叶色变淡，使可食用部分的叶柄变长，纤维素减少，产量增加 20%左右。处理时期的平均气温 12 ~ 17 °C，喷洒时宜自上而下对准心叶喷洒。在用 GA 处理芹菜时，必须严格掌握浓度，避免使用过多的药液。

（2）三十烷醇与 BR 处理。定植后，每 666.7 m^2 使用 0.5 mg/kg 的三十烷醇药液 50 kg，每 10 d 一次，共 3 或 4 次进行叶面喷施，可促进生长，提高产量，改进品质。BR 的应用可在立心期或收前 10 d 进行叶面喷施，使用浓度为 0.01 mg/kg，药液量每 666.7 m^2 使用 40 ~ 50 kg，同样具有促生长、改进品质、增强抗逆性的效果。

2. 促进莴笋生长的调控

以食用嫩茎为主的莴笋，莴笋植株长有 10 ~ 15 片叶时，用 10 ~ 40 mg/L 赤霉素液喷洒，处理后心叶分化加速，叶数增加，嫩茎快速生长，可提早 10 d 采收，增产 12% ~ 44.8%。叶用莴笋采收前 10 ~ 15 d，用 10 mg/L 浓度的赤霉素处理，植株生长快，可增产 10% ~ 15%。在莴笋上应用 GA 要注意使用浓度，以避免喷洒浓度过高，导致茎细长，鲜重降低，后期木质化，品质下降。还要避免苗太小时喷洒，否则茎细长，提高抽薹，失去经济价值。

3. 促进菠菜生长的调控

GA 浓度宜用 10 ~ 20 mg/kg，在收获前 2 ~ 3 周叶面喷洒，或者从菠菜已有 4，5 片叶子起，每 7 ~ 10 d 喷洒一次，连续喷 3 次。经 GA 处理后，菠菜的收获期提早 1 周，并能增产 20%左右。菠菜应用 GA 栽培，早春或晚秋在短日低温条件下，更能提高产量，提早收获。GA 处理后，5 d 便能显著伸长。因此，肥水条件必须相应跟上。如果施用叶面肥料，效果更加增倍。

四、调控花芽分化与无籽果实的形成

细胞分裂素，可促使营养物质向应用部位移动，抑制细胞的纵向伸长而允许横向扩大，因而可促进侧芽的萌发，这对于利用侧枝增大光合面积和结果的作物效果甚为显著。细胞分裂素还可以提高坐果率，增加含糖量，改善果实品质。生长素和赤霉素类物质，还能够诱导无籽果实的形成。

1. 促进萝卜和胡萝卜抽薹开花

对于未经过低温春化而要求抽薹开花的萝卜和胡萝卜，可用 20 ~ 50 mg/L 的赤霉素溶液滴生长点，使其未经过低温春化就能抽薹开花。

2. 促进莴笋抽薹开花

当结球莴苣长有 4 ~ 10 片叶时，喷洒 5 ~ 10 mg/L 的赤霉素药液，可促进结球莴苣在结球前就抽薹开花，种子提早成熟，增加种子产量。

3. 抑制甘蓝的抽薹开花

甘蓝在 10 °C 以下低温经过 30 ~ 50 d，便可诱导花芽分化，然后在温暖长日照条件下抽薹。夏甘蓝越冬，中熟甘蓝越冬时茎粗在 10 cm 以上，都有抽薹开花的危险。可在抽薹前用矮壮素、青鲜素处理。

（1）抽薹前 10 d，用 4 000 ~ 5 000 mg/L 浓度的矮壮素溶液，每亩叶面喷施 50 L，具有延缓抽薹的作用。

（2）在花芽分化后尚未伸长时，使用 2 000 ~ 3 000 mg/L 浓度青鲜素溶液叶面喷洒，每亩 50 L 左右，可抑制薹的伸长，减少裂球，增加甘蓝的商品价值。

抑制莴笋的抽薹开花：当莴笋开始伸长生长时，用 4 000 ~ 8 000 mg/L 丁酰肼液喷洒植株 2 ~ 3 次，每隔 3 ~ 5 d 喷一次，可明显抑制抽薹，提高商品价值。

4. 抑制萝卜的抽薹开花

用 4 000 ~ 8 000 mg/L 的矮壮素或比久液进行喷洒，连喷 2 ~ 4 次，可明显抑制抽薹开花，避过低温危害。

5. 番茄无籽果实的调控

在番茄授粉前，用 10 ~ 25 mg/L 的 2,4-D 溶液浸花，或用 10 ~ 50 mg/L 防落素溶液、50 ~ 100 mg/L 萘乙酸溶液喷花，可刺激子房膨大，加快果实生长，产生无籽果实，味道好。

6. 茄子无籽果实的调控

在茄子开花期，用 5 ~ 30 mg/L 的 2,4-D 溶液，或 10 ~ 40 mg/L 防落素溶液浸花或者喷花，可以产生无籽果实。

7. 辣椒无籽果实的调控

在辣椒开花初期，用 1%萘乙酸羊毛脂或 500 mg/L 萘乙酸水溶液处理花朵，能获得正常的无籽果实。

8. 无籽西瓜的调控

用 1%或 2%萘乙酸羊毛脂，或 1%萘乙酸加 1%吲哚乙酸羊毛脂涂雌花，就可得到无籽的西瓜果实。如果在开花期，西瓜雌花已经有少量授粉，但产生激素量仍少，仍不能使子房膨大，可补充供给植物激素，同样能促进果实膨大，产生少籽的西瓜。

五、保花保果与疏花疏果

利用植物生长调节剂，可调节和控制果柄离层的形成，防止器官的脱落，达到保花、保果目的。

生长素、细胞分裂素和赤霉素等，都具有防止器官脱落的功能，如防止生理落果，提高茄果类蔬菜的坐果率等。吲哚丁酸、萘乙酸、2,4-D 和赤霉素等，被广泛应用于蔬菜的保花和保果，从而达到增加产量的目的。同样，也可以利用植物生长调节剂来疏花疏果，提高果实的品质。

1. 防止辣椒落花落果的调控

应用 20 ~ 25 mg/L 2,4-D 点花处理；辣椒生长中后期，采用 40 ~ 50 mg/L 防落素，或开花后 3 d，用 20 mg/L 防落素对花朵喷雾；用 50 mg/L 的萘乙酸处理；辣椒开花初期，用 100 mg/L 浓度助壮素水溶液叶面喷雾；从始花期开始，每隔 10 d 用 0.5 mg/L 的三十烷醇喷洒叶面，每亩喷 50 L，连喷 3 ~ 4 次；在着果后期到采收后期，用 50 mg/L 的多效唑喷洒叶面，每亩喷 50 L。

2. 防止番茄落花落果的调控

花期使用浓度 10 ~ 20 mg/L 2,4-D，在早晨或傍晚用毛笔涂抹刚开花的花柄或浸花，减少落花落果。应用 2,4-D 必须注意：

（1）不同番茄品种施用浓度不同，一般情况下，严冬用 8 ~ 20 mg/L，早春用 14 ~ 16 mg/L，以后随着温度升高降为 10 ~ 12 mg/L。涂抹法是用毛笔蘸药液涂到花柄或花柱上。浸蘸法是把基本开放的花序放入盛有药液的容器中，浸没花柄后立即取出，并将留在花上的多余药液在容器口刮掉，以防畸形果或裂果发生。涂抹法比浸蘸法效果好，较费工，生产上常采用浸蘸法。在低温条件下，一旦对某株番茄的花序处理后，则这株番茄以后所开放的花序就都要进行处理，否则会大量落花。

（2）未张开的花不能处理，开足的花处理效果不大，因此，以刚开花或半开花时使用效果最佳。每朵花只能处理一次，不能重复，以免产生裂果和畸形果。

（3）2,4-D 溶液不能涂在生长点和嫩叶上，防止叶皱缩，影响生长和结果。

（4）2,4-D 不是营养物质，当结实增加后，更应注意施肥和供水，用 2,4-D 处理过的植物不能留种。

六、调控雌雄性别分化

调控植物花的雌雄性别，是植物生长调节剂的特有生理功能之一。应用最广泛、效果显著的是乙烯利和赤霉素。乙烯利用于促进不定根形成，茎增粗，解除休眠，诱导开花，控制花器官性别分化，使瓜类多开雌花，少开雄花，催熟果实，促进叶片等衰老和脱落。乙烯利的作用在于当瓜类植株的发育处于“两性期”时，抑制雄蕊的发育，促进雌蕊的发育，使雄花转变为雌花。

赤霉素可以代替低温度，促使一些植物在长日照条件下抽薹开花，也可以代替长日照作用，使一些植物在短日照条件下开花；抑制雌花的发育，促进雄花的发生。

1. 黄瓜多开雌花的调节

在黄瓜有 2 ~ 3 片真叶时，用 40%乙烯利 2 500 ~ 4 000（160 ~ 200 mg/L）倍液或 0.01%萘乙酸溶液或 0.5%的吲哚乙酸溶液或 1 500 ~ 2 000 mg/L 比久（B9）喷洒叶片，可促进雌花分化，抑制雄花的形成。在黄瓜 2 ~ 3 片真叶时，用 400 倍液增瓜灵进行叶面喷施，6 ~ 10 片叶时再喷施一次，可促进雌花数增加。

2. 西葫芦多开雌花的调节

在西葫芦 3 叶 1 心的时候，用 40%乙烯利 2 500 ~ 4 000（160 ~ 200 mg/L）倍液或 1 500 ~ 2 000 mg/L 比久（B9）喷洒叶片，可使雌花发生早而多，并提早开花结瓜。喷用增瓜灵和黄瓜灵等，也可促进西葫芦雌花的发生。

3. 促进瓠瓜雌花形成的调节

应用乙烯利处理瓠瓜，可促进瓠瓜雌蕊形成，而使雄蕊抑制在一定的范围内不形成，达到化学去雄的目的。

（1）喷雾：在瓠瓜 5 ~ 6 片真叶的时候，使用 150 mg/L 乙烯利溶液喷施植株，经 7 ~ 10 d 后再喷第二次，这样可使全株 10 节以上均有雌花形成，但需留未经乙烯利处理的植株，便于授粉。

（2）蘸顶：当瓠瓜秧苗有 6 ~ 8 片真叶时，用 100 ~ 120 mg/L 的乙烯利溶液滴于瓠瓜的心叶，或将瓠瓜苗的顶端在乙烯利溶液中浸一下，使乙烯利仅作用于顶端心叶，而对下端萌生的侧蔓不发生影响。

七、增强植物的抗逆境力

植物生长调节剂具有保护植物减少不利环境因素的影响。一般是通过改变酶的活性和合成过程，维持膜的结构和降低膜的通透性，从而提高其抗逆性。

一是提高植物的抗旱性，主要是通过生长抑制剂或生长延缓剂的处理，降低蒸腾作用，提高原生质体的黏滞性，在有些作物上还会引起形态学上的变化，降低需水量，从而提高植物对水分匮乏的抗性。植物生长延缓剂能使植物根系生长好，降低冠根比，降低蒸腾率，提高抗旱性。

二是增强植物的抗倒伏力。植物生长抑制剂和延缓剂可抑制节间伸长，使植株矮化，从而提高其抗倒伏性。

三是提高抗寒性。矮壮素、多效唑、丁酰肼等植物生长延缓剂均能增强植物的抗寒、抗旱能力，主要用于黄瓜、番茄等。脱落酸（ABA）是一种抑制性植物激素，也称“逆境激素”。研究证明，ABA 含量高的植株，其抗寒性较强；而经外施 ABA 处理的幼苗同样也能增强其抗寒性。多效唑可以提高甜椒的抗寒性，其机理就是诱导植株体内 ABA 含量的升高。

四是改善抗病性。植物生长抑制剂可使植物厚壁组织加厚，从而在某种程度上起到保护作用，阻止病害的入侵。

1. 提高番茄抗逆抗病性的调控

（1）用 200 ~ 300 mg/L 的助壮素喷施，能提高番茄植株的抗寒性；番茄苗期用 500 ~ 800 mg/L 的助壮素进行叶面喷施，促进壮苗，提高其抗寒、抗旱能力。

（2）番茄 5 ~ 8 叶期，用 10 ~ 20 mg/L 的多效唑叶面喷施，抗寒。

（3）种衣剂中加入一定量矮壮素，苗矮化，抗旱能力增强。

（4）番茄花期，用 0.1 mg/L 芸苔素内酯溶液叶面喷施，可提高其耐低温能力，增加果重，减轻疫病危害；利用 0.15%的芸苔素溶液，可有效防止番茄病毒病。

（5）用 0.1 mg/L 硫脲喷布果实，可有效防止灰霉病。

（6）用 0.5 mg/L 三十烷醇溶液在苗期和花果期喷洒 1 ~ 2 次，可减轻枯萎病害和增加果实糖分。

2. 提高辣椒抗逆抗病性的调控

（1）在幼苗期用 200 ~ 400 mg/L 甲哌鎓喷施辣椒幼苗，喷 2 次，间隔 5 ~ 7 d，植株变矮，抗寒、抗旱力增强。

（2）定植移植时用 1 000 倍液噻苯隆蘸根，可提高移栽成活率，促进生根与生长，提高抗病性。

（3）辣椒育苗期间秧苗徒长或生长瘦弱时或有徒长趋势的辣椒植株，可喷洒 20 ~ 25 mg/L 矮壮素液，可使植株矮化粗壮、叶色浓绿，增强抗寒和抗旱能力。

（4）用 0.03 ~ 0.045 mg/kg 芸苔素内酯浸种甜椒种子 10 min，有利于培育壮苗，增产 5% ~ 10%，高的可达 30%，并能明显增加糖分和果实重量。同时还能提高作物的抗旱、抗寒能力，缓解作物遭受病虫害、药害、冻害的症状。

（5）幼苗期用 4 ~ 6 mg/L 复硝酚钠作叶面喷施，每亩用药液 25 ~ 30 kg，促进辣椒生长，培育壮苗，提高抗性。

（6）幼苗期用 10 mg/L 胺鲜酯于叶面喷施，每亩用药液 25 ~ 30 kg，促进辣椒生长，培育壮苗，提高抗性。

3. 提高茄子抗逆抗病性的调控

（1）幼苗期喷 10 ~ 20 mg/kg 多效唑，可使苗茎增粗，叶片发厚，增强植株抗旱、抗寒力，并能促进花芽分化。

（2）矮壮素抑制茄苗徒长，增强抗逆性。苗期用 300 mg/L 矮壮素药液进行叶面喷施，每亩用药 50 L；在开花期用 250 mg/L 矮壮素药液进行叶面喷施，可抑制幼苗徒长，节间短，促进根系发育，增强抗性。

（3）芸苔素内酯提高茄子抗性。用浓度为 0.01 mg/L 芸苔素内酯作苗期叶面肥喷施，可抑制猝倒病和后期的炭疽病、疫病、病毒病的发生。在大田期施用可提高坐果率并使果实增大，产量增加，延缓植株衰老。

第六章 观赏植物化学控制技术及其应用

第一节　概　述

一、观赏植物的概念

观赏植物通常是指人工栽培的，具有一定观赏价值和生态效应，可应用于花艺、园林以及室内外环境布置和装饰，以改善和美化环境、增添情趣为目标的植物，主要有草本和木本植物。虽然狭义上“花卉”往往指“可供观赏的花草”，但广义上花卉与观赏植物一样，泛指有观赏及应用价值的草本和木本植物等。观赏植物的观赏性十分广泛，包括观花、观果、观叶、观芽、观茎、观根、观姿、观色、观势、观韵、观趣及闻其芳香等。

总体而言，观赏植物种植是为了体现其美学价值和生态意义。不过，根据应用目的不同通常将观赏植物种植大致分为生产性种植和观赏性种植。生产性种植是以商品化生产为目的，主要是生产盆花、切花、种苗和种球等，从栽培、采收到包装、储运完全商品化，进入市场流通，为消费者提供各类观赏植物产品。观赏性种植则以观赏为目的，利用观赏植物的品质特色及园林绿化配置，美化、绿化公共场所、庭院以及室内等。在园林应用中，植物配置及造景则是在科学的基础上，将各种观赏植物进行艺术结合，构成能反映自然或高于自然的人工植物群落，创造出优美舒适的环境。

二、植物生长调节剂在观赏植物生产中的主要应用

在观赏植物生产中，植物生长调节剂的应用越来越广泛，几乎应用于观赏植物生产的所有环节，并日益成为提高观赏植物产量和品质的重要手段之一。目前，植物生长调节剂在观赏植物生产中的应用主要有以下几个方面：

（一）在苗木繁殖上的应用

育苗繁殖是进行苗木数量扩大的重要环节，花卉类型不同，繁殖手段也不相同。对一年生、二年生花卉而言，主要是通过播种的形式进行育苗繁殖；对宿根花卉，在

播种育苗的基础上，还可以通过压条、扦插、分株以及嫁接等方式进行育苗繁殖；而球根花卉一般是进行分球育苗繁殖。

植物生长调节剂在观赏植物繁殖中的应用十分广泛，如促进种子萌发、打破球根休眠、促进扦插生根、组织培养等，并在分生、压条、嫁接等繁殖方法上也有应用。利用植物生长调节剂，不但可改进传统的繁殖技术，而且使一些用传统繁殖技术难以解决的问题迎刃而解。例如，一些需要特殊条件才能萌发的种子或球根（比如需要低温），在传统生产中，操作往往费时费力，而使用赤霉素等植物生长调节剂处理往往可轻易解决这一问题；利用组织培养技术，则可以在较短时间内快速繁育以营养繁殖为主的观赏植物，而在这一过程中，生长素类和细胞分裂素类植物生长调节剂的应用起着至关重要的作用。

1. 打破种子休眠，促进萌发

种子繁殖是用植物种子进行播种，通过一定的培育过程得到新植株的方法。由种子得到的实生苗，具有根系发达、生命力旺盛、对环境适应能力强等优点。另外，实生苗还可用作营养繁殖的母本，即作为插条、压条、分株的母株等。

一些观赏植物种子有休眠的习性，这种习性是植物经过长期演化而获得的一种对环境条件及季节性变化的生物学适应性，对观赏植物生存及种族繁衍有重要意义。但在生产上，观赏植物种子在采收后需经过一段休眠期才能萌发，这样给观赏植物的生产带来一定的困难。例如，休眠的种子如果不经过处理，则播种后发芽率低，出苗不整齐，不便于管理，直接影响观赏植物苗木的产量和质量。

合理运用一些植物生长调节剂处理，可使种子提早结束休眠状态，促进种子萌发，使出苗快、齐、匀、全、壮，从而有效缩短育苗周期，并提高观赏植物苗木产量和质量。其中以赤霉素处理最为普遍。赤霉素可以代替低温，使一些需经低温层积处理才能萌发的种子无须低温处理就能发芽。甚至用低温处理也难以打破的一些种子的休眠，用赤霉素处理可有效打破休眠，促进萌发。赤霉素还能使一些喜光的种子在暗环境中发芽。另外，生长素类和细胞分裂素类等处理对有些观赏植物种子萌发也有促进作用，它们与赤霉素一起使用时往往效果更好。运用植物生长调节剂促进种子萌发的处理方法主要有浸泡法、拌种法等。对于不同观赏植物的种子，所用植物生长调节剂的种类、处理方法以及使用的浓度和处理时间往往有些差别，具体处理时可参照一些实例进行，最好是进行有关试验后才大量应用。

2. 打破球根花卉种球休眠

球根花卉成熟的球根除了有若干个花芽外，还有营养芽和根，并储藏着丰富的营养物质和水分。在自然条件下，这些球根以休眠的方式度过环境条件较为恶劣的季节（寒冷的冬季或干旱炎热的夏季，当环境条件适合时，便再度生长、开花。球根有两种功能：一是储存营养，为球根花卉新的生长发育提供最初营养来源；二是用于繁殖，球根可通过分株或分割等形式进行营养繁殖。球根花卉种球的休眠习性，一方面可以躲避自然界季节性的不良生长环境，另一方面也可人为地将它们置于一些特定的条件下，有效地调控球根的发育进程。

应用植物生长调节剂对球根花卉进行种球处理，在一定程度上补救因低温时间不足或温度不适宜对种球发芽、开花的影响，不仅可打破休眠、促进种球发芽，而且有助于提早开花和提高球根花卉的品质。用于打破球根休眠的植物生长调节剂主要有赤霉素、乙烯（或乙烯利）、萘乙酸和6-氨基嘌呤等，其中以赤霉素处理最为普遍。用植物生长调节剂打破球根休眠时，需依据生产和市场的要求选定植物生长调节剂的种类，并用单一或几种植物生长调节剂浸泡或喷洒球根。若用乙烯进行处理则可采用气熏法。另外，植物生长调节剂处理时还可视需要结合低温处理。

3. 促进扦插生根

利用植物营养器官的再生能力，切取根、茎或叶的一部分，插入沙或其他基质中，长出不定根和不定芽，进而长成新的植株，叫扦插繁殖。扦插是观赏植物最常用的繁殖方法之一。扦插繁殖获得的小植株长至成品苗直到开花比种子繁殖更快，且能保持原品种特性。对不易产生种子的观赏植物，扦插繁殖更有其优越性。

应用植物生长调节剂对插穗进行扦插前处理，不仅生根率、生根数以及根的粗度、长度都有显著提高，而且苗木生根期缩短、生根一致，是目前促进扦插成活的有效技术措施。常用的植物生长调节剂主要有吲哚丁酸、萘乙酸、2,4-D等，其中又以吲哚丁酸和萘乙酸最为常用。除生长素类物质常用于促进生根外，6-BA、激动素等细胞分裂素类对有些植物的生根也有促进作用。另外，在扦插实践中，生长素类物质往往与一些辅助因子（微量元素、维生素、黄腐酸等）混合使用，可进一步促进插穗生根和提高成活率。再者，把几种促进生根的生长调节剂混合使用，其效果往往优于单独使用。植物生长调节剂处理插穗的方法主要有浸渍法、沾蘸法、粉剂法、叶面喷洒法和羊毛脂制剂涂布法等，其中以浸渍法最为常用。

4. 促进分生繁殖和成活

分生繁殖是将丛生的植株分离，或将植物营养器官的一部分（如吸芽、珠芽、长匍茎、变态茎等）与母株分离，另行栽植而形成独立新植株的繁殖方法。分生繁殖所获得的新植株能保持母株的遗传性状，且方法简便、易于成活、成苗较快。观赏植物分生繁殖时，可采用吲哚乙酸、吲哚丁酸、萘乙酸等生长素类物质，浸渍或喷施处理从丛生的观赏植物母株分离得到的吸芽、珠芽、长匍茎、变态茎等，促进其快速生根和提高成活率。

5. 促进嫁接成活

嫁接繁殖是把植物体的一部分（接穗）嫁接到另外一植物体上（砧木），其组织相互愈合后，培养成独立新个体的繁殖方法。通过对亲缘关系较近的植物进行嫁接，能够保持亲本的优良特性，提早开花和结果，增强抗逆性和适应性，提高产量，改善品质；而通过远缘嫁接所改变的观赏性状，可将其培育成新品种。另外，嫁接还被广泛用于观赏植物的造型，如塔菊、瀑布式的蟹爪兰、一花多色的月季等。嫁接还可使生长缓慢的山茶花快速形成树桩盆景。观赏植物嫁接时，可采用吲哚乙酸、吲哚丁酸、萘乙酸等生长素类物质，分别通过处理接穗或砧木，来促进观赏植物嫁接伤口愈合，提高嫁接成活率。

6. 促进压条生根和成活

压条繁殖是无性繁殖的一种，是将母株上的枝条或茎蔓埋压土中或在树上将欲压枝条的基部经适当处理包埋于生根介质中，使之生根，再从母株割离，成为独立、完整的新植株。压条繁殖具有保持母本优良性状、变异性小、开花早等优点。观赏植物压条繁殖时，运用吲哚丁酸或萘乙酸等生长素类植物生长调节剂处理往往可促进压条生根和提高成活率。

（二）在调控观赏植物生长上的应用

观赏植物的生长快慢及株型特征直接关系到其产量和品质。运用赤霉素类、生长素类、细胞分裂素类等植物生长促进剂及矮壮素、多效唑、烯效唑等植物生长延缓剂人为调控观赏植物生长的做法，已经在穴盘育苗、苗木移栽、切花生产以及观赏植物矮化和株形整饰等方面广泛应用。

1. 控制穴盘苗徒长

观赏植物育苗是花卉产业化链条中的一个重要环节，幼苗质量的优劣直接影响到观赏植物产品的产量和质量。穴盘育苗技术作为一种适合工厂化种苗生产的育苗方式，近年来在我国得到空前发展，并对观赏植物种苗的规模化生产和商品化供应起着重要的作用。不过，在穴盘育苗条件下，由于高度集约化的生产和穴盘构造的特殊性，穴盘苗根际和光合的营养面积很小，观赏植物幼苗地上部与地下部的生长常常受到限制，如果再遇到光照不足、高温高湿、幼苗拥挤以及移植或定植不及时等情况，容易造成秧苗徒长，导致质量下降。为了培育适龄壮苗，可运用多效唑、烯效唑、丁酰肼等植物生长延缓剂对观赏植物穴盘苗的生长加以调控，具有成本低、见效快、操作简单等优点。

2. 促进苗木移栽成活

移栽是观赏植物种植的一个重要生产环节，移栽过程对其成活和生长发育有重要的影响。近年来，我国经济持续、快速发展，城市化进程日益加快。观赏植物苗木作为城市绿化和环境美化的重要素材，异地种植变得越来越普遍。为了提高观赏植物苗木尤其是大规格苗木和大树的移栽成活率，除了选择适宜的移栽苗木和改良移栽技术外，还可运用吲哚丁酸和萘乙酸等生长素类进行喷施或浸渍处理，促进根系生长。在大树起掘时，大量须根丧失，主根、侧根等均被截伤，树木根系既要伤口愈合，又要促发新根以恢复水分平衡，可运用植物生长调节剂促进根系愈合、生长。大树移植时，在植株吊进移植穴后，依次解开包裹土球的包扎物，修整伤损根系，然后用吲哚丁酸或萘乙酸溶液喷根，可促进移栽后快发、多发新根，加速恢复树势。另外，绿化大树移栽成活后，为了有效促发新根，可结合浇水加施萘乙酸或吲哚丁酸等。

3. 加快观赏植物生长和提高品质

盆栽观赏植物在开花之前，运用赤霉素类、生长素类、细胞分裂素类等处理，可促进茎叶生长和花梗伸长，从而加快生产和提高观赏性。切花产品对花茎有一定的长度标准，在栽培过程中应用赤霉素类等处理可促进切花植株的生长，尤其是花梗的伸长，从而增加花枝长度，这对切花的剪取和品质等级的提高极为重要。在盆景制作过程中，使用萘乙酸、吲哚丁酸、赤霉素、细胞分裂素类等可加速盆景植物的培育进程。

4. 观赏植物矮化和株形整饰

植物生长延缓剂和抑制剂的应用，为控制观赏植物株型提供了一条高效的途径。采用多效唑、烯效唑、矮壮素、丁酰肼等喷施或土施处理，可有效抑制盆栽植物的伸长生长，控制株高，并促进分枝及花芽分化，使之形成理想的株形，提高观赏价值。应用多效唑、矮壮素、丁酰肼、缩节胺等控制盆景植物树冠生长，可使新梢生长缓慢，节间缩短，叶色浓绿，枝干粗壮，株型紧凑，树体矮化，获得良好的造型效果。矮化已成为花坛植物栽培的一个趋势，采用矮壮素、多效唑、烯效唑、丁酰肼等喷洒处理矮牵牛、紫菀、鼠尾草、百日草、金鱼草、金盏花等地坛花卉幼苗，均可使株型矮化。

（三）在调控观赏植物开花和坐果上的应用

植物生长调节剂可用于促进观赏植物花芽分化、增加花数、促进开花和保花保果。一方面，利用植物生长调节剂促进采种的观赏植物母株开花和坐果，可提高种子产量；另一方面，由于观赏植物一般在相对固定的季节开花，而商品化花卉生产要求的花期往往是由市场来决定，因此利用各种手段调控观赏植物的花期，对观赏植物商品化生产非常重要。目前，利用植物生长调节剂调控花期已经在多种观赏植物中得到应用。适时施用生长调节剂调节花蕾的生长发育，可达到预期开花的效果，还可克服光、温等处理成本高的问题。例如，赤霉素处理可促进多数观赏植物提前开花，乙烯利则常用于促进凤梨科植物开花。一些盆景以观花观果为主要特色，而运用多效唑、乙烯利、整形素等植物生长调节剂可调控盆景植物的开花与结果。

（四）在观赏植物养护和采后储运保鲜上的应用

观赏植物的叶片、花和果实等器官乃至整个植株的衰老、脱落以至死亡，是其生长发育进程中的必然现象。不过，人们种植观赏植物总是期望能有效地延长其观赏寿命，比如：延长观花植物的花期、较长时间保持观叶植物叶片鲜绿、延迟观果植物的果实脱落、维持切花较长时间的采后寿命和观赏品质、延长草坪草绿期等。如何延缓观赏植物衰老、有效延长其观赏寿命和保证储运期间的观赏品质是观赏植物生产者、经营者和消费者均十分关心的问题。

应用植物生长促进剂（如 6-BA、噻苯隆、萘乙酸等）、生长延缓剂（矮壮素、多效唑、烯效唑等）及乙烯受体抑制剂（1-甲基环丙烯等）等处理，已经在盆栽观赏植物的养护、古树名木的复壮和养护、切花和盆栽植物的储运保鲜以及延长草坪草观赏期等方面得到较为广泛的应用。植物生长调节剂的施用方法以叶面喷施、土施处理和基部浸渍等处理较为普遍，植物生长调节剂的种类及其处理方式，与观赏植物种类和应用目的密切相关。

第二节　在一、二年生草本花卉上的应用

一、二年生草本花卉泛指在当地气候条件下，个体生长发育在一年内或需跨年度完成其生命周期的草本观赏植物。通常包括三大类：一类是一年生花卉，一般在一个生长季内完成其生活史，多在春季播种，夏秋季是主要的观赏期，如鸡冠花、百日草、凤仙花、蒲包花、波斯菊、万寿菊、醉蝶花等；另一类是二年生花卉，在两个生长季内完成其生活史，通常在秋季播种，当年只生长营养体，翌年春季为主要观赏期，如紫罗兰、彩叶草、羽衣甘蓝等；还有一类是多年生但作一、二年生栽培的花卉，其个体寿命超过两年，能多次开花结实，但再次开花时往往株形不整齐，开花不繁茂，因此常作一、二年生花卉栽培，如一串红、金鱼草、矮牵牛、瓜叶菊、美女樱等。

植物生长调节剂在一、二年生草本花卉生产上的应用十分广泛，涉及促进繁殖、调控生长、调节花期、储运保鲜等各个方面。本节以攀西地区普遍栽培的矮牵牛部分应用实例简要介绍说明。

矮牵牛又称碧冬茄，为茄科碧冬茄属多年生草本，常作一、二年生栽培。矮牵牛栽培品种极多，株型有丛生型、垂吊型，花型有单瓣、重瓣，花色有紫红、鲜红、桃红、纯白、肉色及多种带条纹品种。矮牵牛花朵硕大，花冠呈漏斗状，花色及花形变化丰富，加之易于栽培、花期长，广泛用于营造花坛、花境，也作盆栽花卉或吊篮、花钵栽培，是目前园林绿化中备受青睐的草花种类之一。

植物生长调节剂在矮牵牛上的主要应用：

1. 促进扦插繁殖

矮牵牛育苗方法主要是播种繁殖，对于一些重瓣或大花品种及品质优异品种，常采用扦插繁殖，以保留优良性状。取当年现蕾盆栽大花类矮牵牛健壮嫩枝，基部平剪，去掉下部叶片，仅留上部 2～3 片叶，去顶，插穗长约 8 cm。扦插前将插穗用 500 mg/L 吲哚丁酸溶液或 200 mg/L 萘乙酸+300 mg/L 吲哚丁酸的混合溶液速蘸 3 s，可促进早生根，且幼苗生长较快。

2. 控制穴盘苗徒长

穴盘播种育苗是矮牵牛繁殖的主要方式，但在穴盘育苗条件下，特别是在高温高湿的夏季，矮牵牛幼苗容易徒长，从而影响播种苗质量。采用传统的炼苗方法往往不能控制幼苗生长，而使用多效唑、矮壮素等植物生长延缓剂可有效调控播种苗的生长，生产出优质的种苗。例如，在矮牵牛（品种为“幻想”系列粉色品种）2～3 片真叶展开期用 60 mg/L 多效唑溶液喷施处理，可有效地控制穴盘苗的生长，并增大根冠比、增加叶绿素含量。另外，在矮牵牛（品种为“Mira-gemid Blue”）2～3 片真叶展开期用 20 mg/L 烯效唑溶液进行灌施处理，可安全有效地抑制矮牵牛穴盘苗的生长高度，使其株型紧凑、叶色加深、根系发达、抗性增强，从而提高穴盘苗质量。

3. 提高植株观赏性

在矮牵牛（品种为“梦幻”白色品种）幼苗有 2 对真叶展开时叶面喷施 1 次 2 500 mg/L 丁酰肼溶液或 1 500 mg/L 丁酰肼+0.3%矮壮素的混合溶液，均可抑制矮牵牛植株生长，使其株型紧凑、叶色加深、根系发达、叶片厚实，从而提高观赏价值。另外，在矮牵牛苗高 5～6 cm 时用 40 mg/L 多效唑溶液喷施处理可使茎基部提前分枝，扩大冠幅，降低高度，增加现蕾数和开花朵数，提高观赏性。

4. 促进开花

在盆栽矮牵牛缓苗期过后，用 40～80 mg/L 多效唑溶液浇施处理（每盆浇液约 100 mL），可使开花部位集中、始花期提前、盛花期延长，还能有效地抑制营养生长、矮化株型，使枝叶紧凑，防止倒伏，显著提高观赏价值。另外，在矮牵牛植株刚现花蕾时用 200 mg/L 乙烯利溶液叶面喷洒，可使矮牵牛花期提前 4 d。

第三节　在宿根花卉上的应用

宿根花卉泛指个体寿命超过 2 年，可连续生长，多次开花、结实，且地下根系或地下茎形态正常，不发生变态的一类多年生草本观赏植物。依其地上部茎叶冬季枯死与否，宿根花卉又分为落叶类（如菊花、芍药、铃兰、荷兰菊、玉簪等）与常绿类（非洲菊、君子兰、萱草、铁线蕨等）。

宿根花卉种类繁多，生态类型多样，且花色鲜艳、花型丰富，观赏期长，可以一次种植、多年观赏。同时宿根花卉比一、二年生草花有着更强的生命力，具有适应性强、繁殖容易、管理简便、抗逆性强、群体效果好等优点，适合大面积培育和栽植，被广泛应用到绿化带、花坛、花境、地被、岩石园中，在园林景观配置中占有极为重要的地位。另外，宿根花卉还大量用作盆栽（如菊花、鸢尾、玉簪、芍药、红掌等）和切花观赏（菊花、非洲菊等），一些水生宿根草本花卉（如睡莲、千屈菜、马蔺等）常用于水体绿化和丰富水景变化。

植物生长调节剂在宿根花卉生产上的应用，涉及促进繁殖、调控生长、调节花期、储运保鲜等各个方面。本节以红掌为例简要介绍植物生长调节剂应用于宿根花卉的实例。

红掌又名安祖花、花烛或红鹤芋，为天南星科花烛属常绿宿根草本。红掌品种多样，同属植物达 500 多种。红掌株形秀美飘逸，花葶挺拔，佛焰苞形状独特，色彩艳丽多变，叶形秀美，可周年开花，是不可多得的观花及观叶花卉。近几年红掌成为国内外流行的高档切花材料与盆栽品种，其销售额仅次于热带花卉兰花，广泛应用于室内、室外装饰。

植物生长调节剂在红掌上的主要应用：

1. 促进植株生长

用 300 mg/L 5-氨基乙酰丙酸溶液或其与 5 g/L 硫酸镁的混合液喷施红掌（品种为“热情”）幼苗，可促进植株的生长。另外，用 700 mg/L 6-BA 溶液对红掌杂交组培苗侧芽进行涂抹诱导，每周涂抹 1 次，可促进侧芽萌发。

2. 促进水培生根

红掌是家庭、办公场所的常见摆花。将土栽红掌植株进行分株和用水清洗，每小株保留健壮根系 4 ~ 5 根，并剪至 10 ~ 15 cm 长度，其余的根系全部除去，留 4 ~ 5 片叶片。用 50 mg/L 吲哚丁酸溶液处理基部 24 h 后用清水洗净，并置于清水中水培，可促进早生根、多生根。另外，水培红掌（品种为“火焰”）植株在洗根后，用 10 mg/L 萘乙酸溶液处理 24 h 再水培，可使得植株根系生长旺盛，须根较多。再者，取温室栽培的盆栽红掌健壮小苗（株高 10 cm），洗净并将根全部剪除，用 0.1%高锰酸钾溶液浸泡植株根部 10 ~ 15 min 进行伤口消毒处理,然后用 10 mg/L 吲哚丁酸溶液处理 1 ~ 3 d，可促进红掌生根及根系生长。

3. 防止盆栽植株徒长

盆栽红掌在特殊的温室条件下，易发生徒长的现象，主要表现在：植株上部叶片尤其是新生叶的叶柄明显伸长，上下叶层间距拉大，下部空间郁蔽，基部幼小花苞难以孕育显现，盆中株形难成倒锥体，易成狭窄的长筒形，致使盆体头重脚轻，码放重心不稳。另外，盆栽红掌可多年栽培利用，多年开花观赏，一旦出现徒长，会损害当年的商品性和多年的观赏性。采用 100 mg/L 丁酰肼溶液喷施盆栽红掌（品种为“亚历桑娜”），前后喷施 4 次，间隔 15 ~ 20 d，可安全有效地塑造盆栽红掌的理想株型。另外，按每个花盆（直径 15 cm）20 mg 多效唑的用量浇灌红掌，也可延缓叶柄与花梗伸长，促进分枝，改善株型。

4. 促进开花

在红掌上盆 1 周后叶面喷施 100 mg/L 赤霉素溶液或 50 mg/L 赤霉素+ 50 mg/L 激动素的混合液，每 7 d 喷 1 次，连续喷 4 次，可使红掌花期提早 29 d 和 33 d，并且能改善开花质量，提高其观赏价值。

5. 提高抗寒性

红掌属于热带花卉，生长温度要求在 14 °C 以上，气温下降到 12 °C 以下时，植株就会受到冷害。用 300 mg/L 水杨酸溶液喷施红掌（品种为“粉冠军”）小苗（株高约 12 cm），可提高其抗寒能力。

6. 切花保鲜

红掌切花的瓶插观赏期本身较长，若插于含 2%蔗糖+20 mg/L 激动素或含有 2%蔗糖+1.0 mg/L 6-BA+0.1 mg/L 激动素+300 mg/L V_C 的瓶插液中，可进一步延长观赏寿命和维持其观赏品质。

第四节　在球根花卉上的应用

球根花卉是指地下器官膨大形成球状或块状储藏器官的多年生草本观赏植物。在不良环境条件下，球根花卉在植株地上部茎叶枯死之前，地下部分的茎或根发生变态，并以地下球根的形式度过休眠期，至环境条件适宜时，再度生长并开花。根据地下储藏器官的形态与功能通常将球根花卉分为：鳞茎类（如百合、郁金香、风信子等）、球茎类（如唐菖蒲、小苍兰、番红花等）、块茎类（马蹄莲、大岩桐、仙客来等）、根茎类（如球根鸢尾、美人蕉、荷花等）和块根类（大丽花、花毛茛等）。另外，也可根据球根花卉的栽培习性将其分为春植球根（如美人蕉、唐菖蒲、大丽花、晚香玉等）和秋植球根（如风信子、郁金香、百合等）。

球根花卉种类繁多，品种极为丰富，株形美观，花色艳丽，花期较长，且适应性强，栽培较为容易，加之种球储运便利，因而在全球观赏植物产业中占有举足轻重的地位。目前，普遍栽培的品种有郁金香、唐菖蒲、百合、风信子、水仙、球根鸢尾、石蒜等。在环境绿化和园林景观布置中，球根花卉广泛应用于花坛、花带、花境、地被和点缀草坪等，极富色彩美、季相美和层次美。球根花卉还是切花和盆花生产中的重要花卉类型，其中用于切花生产的球根花卉主要有百合、唐菖蒲、马蹄莲、小苍兰和晚香玉等，用于盆花生产的球根花卉主要有朱顶红、花毛茛、风信子、水仙和球根秋海棠等。

植物生长调节剂在球根花卉生产上的应用主要涉及促进繁殖、调控生长、调节花期、储运保鲜等各个方面。本节以百合为例简要介绍植物生长调节剂在球根花卉的部分应用实例。

百合为百合科百合属多年生球根草本花卉的总称，其地下部分由肉质鳞片抱合而成，故得名百合。百合品种繁多，目前用作观赏百合的商品栽培类型主要有东方百合系、亚洲百合系和麝香百合系。百合株形端直，花姿雅致，花朵硕大，叶片青翠娟秀，给人以洁白、纯雅之感，又寓有百年好合的吉祥之意，加之观花期长，既可花坛种植，也可盆栽观赏，同时也是世界著名切花之一。

植物生长调节剂在百合上的主要应用：

1. 打破鳞茎休眠和促进开花

百合鳞茎具有自发休眠的特性，生产中常出现种球发芽率低、发芽不整齐、切花质量较差等现象，而且存在花期集中、供花期短的问题。用 50 mg/L 赤霉素+100 mg/L 乙烯利+100 mg/L 激动素的混合溶液浸种 24 h 处理冷藏的麝香百合（又名铁炮百合）鳞茎，能缩短冷藏时间，打破休眠，促进开花。另外，选取东方百合（品种为“Sorbonne”）种球于 12 月上旬定植，并在拔节初期用 100 ~ 300 mg/L 赤霉素、200 ~ 600 mg/L 乙烯利或 200 mg/L 激动素溶液单独喷雾或组合处理，均可使开花提前和提高开花的整齐度，其中以 100 mg/L 赤霉素+200 mg/L 乙烯利+100 mg/L 激动素的混合处理效果最佳。

2. 促进扦插生根

百合通常用地下茎节上生的小鳞茎进行培育。如大量繁殖，也可用大鳞茎上的鳞片进行扦插。扦插时，切取外形成熟饱满的鳞片，用 100 mg/L 赤霉素、150 mg/L 萘或 150 mg/L 吲哚丁酸溶液浸泡 5 h 处理，有利于亚洲百合（品种为“精粹”）的鳞片产生小鳞茎，小鳞茎发生率高达 100%。

3. 控制盆栽植株高度和提高观赏性

用 20 ~ 40 mg/L 烯效唑溶液浸泡百合种球 1 h，可使其株型明显矮化，且茎秆粗壮，叶片缩短，叶宽增大，叶片增厚，显著提高盆栽百合的观赏价值。也可在盆栽百合株高 6 ~ 7 cm 时，用 6 000 mg/L 矮壮素溶液浇灌，每盆 200 mL，可使其株型矮化，控制徒长，使开花植株高度达到商品规格。另外，在黄百合长至株高 15 ~ 20 cm 时，用 50 ~ 100 mg/L 多效唑溶液灌心处理（15 mL/株），1 周后重复 1 次，可使植株显著矮化，叶色深绿，花期花型完好。

4. 增加切花茎秆高度

在麝香百合营养生长旺盛期，用 200 mg/L 赤霉素溶液进行叶面喷施，对株高和花苞长度有显著的促进作用，从而提高切花品质。

5. 切花保鲜

用 3%蔗糖+ 250 mg/L 8-羟基喹啉柠檬酸盐+ 120 mg/L 赤霉素的预处液对东方百合（品种为“Sorbonne”）预处理 12 h，可延长其瓶插寿命，增加花枝鲜重，并对百合切花叶片有较好的保绿效果；20 g/L 蔗糖+200 mg/L 8-羟基喹啉+100 mg/L 水杨酸或 3%蔗糖+200 mg/L 8-羟基喹啉柠檬酸盐+150 mg/L 硼酸的保鲜液可明显延缓其外观品质劣变，并延长其瓶插寿命。

第五节　在多肉植物上的应用

多肉植物又被称为多浆植物、肉质植物、多肉花卉等，隶属于不同的科属，不同科属之间有不同的形态特征，但基本的形态特征相似：其茎、叶或根（少数种类兼有两部分）特别肥大，具有发达的薄壁组织用以储藏水分和养分，在外形上显得肥厚多汁。广义的多肉植物包含仙人掌在内，而狭义的则指除仙人掌以外的多肉植物，即时下颇为流行的“肉迷”最爱。多肉植物特有的肉质化器官及退化叶形成了多肉植物独特的外形，既是其十分重要的观赏特征，同时也是品种识别以及大部分品种命名的重要依据。

多肉植物家族庞大、种类繁多，目前全世界已知共有 1 万余种，隶属五十余科，从带刺的仙人掌到“小清新”的芦荟都是它们的成员，常见栽培的植物主要有仙人掌科、番杏科、大戟科、景天科、百合科、萝摩科、龙舌兰科、菊科、凤梨科、鸭跖草科、夹竹桃科、马齿苋科、葡萄科等。近年来，福桂花科、龙树科、葫芦科、桑科、辣木科和薯蓣科的多肉植物也有引进和栽培。

植物生长调节剂在多肉植物上的应用主要涉及促进繁殖、调控生长、调节花期、储运保鲜等各个方面。本节以蟹爪兰为例简要介绍植物生长调节剂应用于多肉植物的部分实例。

蟹爪兰又名蟹爪莲、仙指花、圣诞仙人掌，是仙人掌科蟹爪兰属的多年生植物。其叶形独特，且开花时间正逢圣诞、元旦，是观赏性很强的冬日观花植物。

植物生长调节剂在蟹爪兰上的应用：

1. 促进扦插苗出芽

采用 10～50 mg/L 6-BA 溶液喷施蟹爪兰（品种“骑士”）扦插苗，可显著增加其出芽数。另外，将 10～50 mg/L 6-BA 与 1～5 mg/L 萘乙酸的混合溶液进行喷施处理，扦插苗出芽的效果更好。

2. 促进嫁接繁殖

蟹爪兰常采用嫁接繁殖，它具有繁殖快、生长迅速和开花早的特点，嫁接还用来培育新优品种。在蟹爪兰嫁接时，用 500～1 000 mg/L 萘乙酸溶液浸蘸接穗基部，可促进愈伤组织形成，并提高成活率。

3. 促进开花

蟹爪兰需在短日照条件下诱导开花，当短日照开始时若先端茎节不成熟，则难以形成花蕾，为此，可在短日照处理开始前 40 d，先用 1 000 mg/L 赤霉素溶液喷施处理使新茎节同时长出，再用 50～100 mg/L 6-BA 溶液喷洒处理，可以促进花芽分化，增加花的数量。另外，用 80 mg/L 6-BA+20 mg/L 赤霉素+10 mg/L 萘乙酸+10 mg/L 复合维生素溶液喷施蟹爪兰植株，可有效促进开花，且使长势更好，花朵更大，开花数量更多，开花时间更久。

第六节　在兰科花卉上的应用

兰科花卉俗称兰花，为多年生草本，极少数为藤本。兰花的形态、习性千变万化，花部结构高度特化和极度多样，如唇瓣的特化、合蕊柱的形成等。依兰花的生态习性不同，可分为地生兰类和附生兰类等，地生兰类有春兰、蕙兰、建兰、墨兰、寒兰等，多生于热带地区及亚热带地区；附生兰类主要有蝴蝶兰、兜兰、万带兰、石斛兰等，多生于温带地区及亚热带地区。另外，花卉市场上还往往根据地理分布把兰花笼统地分为国兰和洋兰。国兰特指兰科兰属中的部分小花型地生兰，如春兰、蕙兰、建兰、墨兰、寒兰、莲瓣兰等，其特点是花茎直立，花小而素雅，且具有奇妙的幽香，叶片细而长，叶姿优美。洋兰是相对于国兰而言的，涵盖了除国兰之外的兰科所有观赏植物种类，常见的商品洋兰多为热带兰，主要有蝴蝶兰、大花蕙兰、石斛兰、文心兰、万代兰、兜兰等。与国兰相比，洋兰种类更丰富，而且花大花多，花色艳丽多彩，花期持久。

兰花品种极为繁多，常见的有兰属、蝴蝶兰属、石斛属、卡特兰属、万带兰属、文心兰属、兜兰属等许多栽培种。兰科花卉作为高雅、美丽而又带神秘色彩的观赏植物，以其花形优美别致、花色绚丽多彩、花味清馨芬芳的特色而享誉全球，深受各国人民的喜爱。兰花具有不同的体型、花期、花色，其在园林绿化中的配植方式也多种多样。对于兰花中植株体型较大、花大色艳的可进行孤植；体型相对较小的可片植成群，营造花团锦簇的效果。除了用于花坛、花境、水景等各类园林绿化之外，一些兰科花卉（如蝴蝶兰、石斛兰、大花蕙兰、文心兰、卡特兰等）还是高档的盆花和切花，并在国内外花卉市场上占有非常重要的地位。另外，兰花在我国还具有浓厚的文化艺术价值，历史悠久，钟情者众。

植物生长调节剂在兰科花卉上的应用主要涉及促进繁殖、调控生长、调节花期、储运保鲜等各个方面。本节以大花蕙兰为例简要介绍植物生长调节剂在兰科花卉的部分应用。

大花蕙兰又称西姆比兰等，为兰科兰属植物，是以大花附生种、小花垂生种以及一些地生兰为原始材料，通过人工杂交培育出的花朵硕大、色泽艳丽的一个品种的统称。大花蕙兰的植株和花朵大致分为大型和中小型，有黄、白、绿、红、粉红及复色等多种颜色，色彩鲜艳、异彩纷呈。部分大花蕙兰还具有香味，既具有国兰的幽香典雅，又有洋兰的丰富多彩，是国际上五大盆栽兰花之一。

植物生长调节剂在大花蕙兰上的应用：

1. 调控盆栽植株生长

在盆栽 2 年生大花蕙兰（品种为“Christmas Rose”）组培苗时，栽植前用 100 mg/L 6-BA+ 200 mg/L 多效唑的混合溶液浸根 10 h，可显著提高大花蕙兰分蘖率，同时使大花蕙兰植株明显矮化。

2. 调节开花

在盆栽 3 年生大花蕙兰（品种为“Greensleeves”）组培苗时，用 30 mg/L 多效唑以灌根方式一次性施用，在减缓大花蕙兰营养生长的同时，还可明显降低花箭高度，并使初花期提前，开花率提高，且整个花期延长 3 ~ 10 d。另外，用 50 ~ 200 mg/L 多效唑溶液喷施大花蕙兰的叶片和假鳞茎，可促进大花蕙兰的花芽分化，使其提早开花，溶液浓度越高则提早天数越多；而用 50 ~ 200 mg/L 萘乙酸溶液喷施大花蕙兰的叶片和假鳞茎，则可使大花蕙兰推迟 4 ~ 11 d 开花。

第七节 在木本观赏植物上的应用

木本观赏植物泛指所有可供观赏的木本植物，其茎是木质化的，树体主干明显，生长年限及寿命较长。木本观赏植物主要包括乔木、灌木、木质藤本和竹类。乔木的主干明显而直立，分枝繁茂，植株高大，分枝在距离地面较高处形成树冠，如松、杉、杨、榆、槐等；灌木则一般比较矮小，没有明显的主干，近地面处枝干丛生，如月季、栀子花、茉莉花等；木质藤本的茎干细长，不能直立，通常为蔓生，如迎春花、金银花、紫藤、凌霄、炮仗花、使君子等；竹类是观赏植物中的特殊分支，如紫竹、佛肚竹、毛竹等。另外，还往往根据观赏部位和特性把木本观赏植物分为观花类、观果类、观叶类、观干类和观形类等，其中观花、观果类主要欣赏其花形、花色、花香及果实的果形、果色；观叶、观干及观形类主要欣赏其树冠形态、整体姿态、树干颜色、树皮纹痕、枝条形态及颜色、树叶形状及颜色变化等。

植物生长调节剂在木本观赏植物上的应用主要涉及促进繁殖、调控生长、调节花期、储运保鲜等各个方面。本节以绣球花为例简要介绍植物生长调节剂应用于木本观赏植物的部分实例。

绣球花又名八仙花、草绣球、紫阳花、粉团花等，为虎耳草科八仙花属落叶观赏灌木。其植株矮壮紧凑，花朵大、近似球形，着生于枝头，花色丰富靓丽，花期长。绣球花是我国的传统花卉栽培品种，既可地栽观赏，也特别适合盆栽和切花观赏。

植物生长调节剂在绣球花上的主要应用：

1. 促进扦插生根

绣球花扦插培育时，在母株新梢开始露花至 2 ~ 4 cm 时，及时剪下扦插。穗长 10 ~ 12 cm，去掉基部 1 ~ 2 对叶片，留上部 3 ~ 4 对叶片，用利刃削平下端切口，基部速蘸 500 mg/L 吲哚丁酸溶液，晾干后插入基质中，采用全日光间歇喷雾方法育苗，可促进扦插生根和有效提高成活率。另外，从绣球花母株上剪取半木质化枝条，再截成 5 ~ 8 cm 长的插穗，每段插穗带有 1 个节位，并保留半片叶，插穗下端剪成斜口，扦插前用 150 mg/L 萘乙酸溶液浸泡处理 30 min，也可促进扦插生根。

2. 矮化盆栽植株和提高观赏性

由于绣球花植株较高，盆栽时需矮化，以提高其观赏价值。为此，对上盆 1 周后的绣球花植株用 1 000 ~ 2 000 mg/L 丁酰肼溶液进行叶面喷施，药液量以整株完全湿润为止，每 15 d 喷施一次，连喷 4 次，可显著降低株高，改善其观赏品质。

3. 开花调节

绣球花一般在秋季停止营养生长，开始花芽分化。如果在夏天用 0.1 ~ 10 mg/L 赤霉素溶液喷施茎叶，会造成植株迅速生长，花芽分化却大大延迟。八仙花需通过一定时间的低温处理，促使花芽进一步分化完全，才能使其在促成栽培时开出正常的花序。若低温积累不够则促成栽培期生长缓慢，且花序形态异常或小花畸形。为此，在八仙花促成期，叶面喷施 5 mg/L 赤霉素溶液，可使促成栽培八仙花花期提前 7 ~ 9 d，并有效促进其株高、冠幅、花序直径、当年新生枝长增长。再者，用 100 mg/L 多效唑溶液喷施植株，可有效地刺激花蕾的形成，促进开花。

4. 切花保鲜

将八仙花（品种为“经典红”）切花瓶插于 2%蔗糖+200 mg/L 8-羟基喹啉+200 mg/L 柠檬酸的瓶插液中，可明显增大花径，减缓花枝失水，显著延长瓶插寿命。

习题集

一、名词术语解释

1. 作物化学控制技术
2. 跨膜信号转换
3. 细胞信号转导
4. G 蛋白
5. 细胞受体
6. 第一信使
7. 第二信使
8. 钙调素
9. 双信号系统
10. 激素受体
11. 信号
12. 胞间信号
13. 胞内信号
14. 初级信号
15. 次级信号
16. 物理信号
17. 化学信号
18. Ca^{2+}/CaM 信号系统
19. IP/DAG 信号系统
20. CAMP 信号系统
21. 类受体蛋白激酶
22. 受体
23. 细胞表面受体
24. 细胞内受体
25. 配体

26. 蛋白磷酸酶
27. CDPK
28. 植物生长物质
29. 植物激素靶细胞
30. 脂质信号分子
31. 级联反应
32. 泛素-蛋白降解途径
33. MAPK 级联途径
34. 自由型生长素
35. 束缚型生长素
36. 生长素早期反应基因
37. 生长素晚期反应基因
38. 吲哚乙酸氧化酶
39. 生长素结合蛋白
40. 甲硫氨酸循环
41. 胁迫激素
42. 调节剂的作用期
43. 乙烯的三重反应
44. 调节剂的钝化
45. 非选择性除草剂
46. 形态选择性
47. 抗生长素
48. 生物测定
49. 极性
50. 增效作用
51. 颉抗作用
52. 植物生长抑制剂
53. 偏上性生长
54. 植物生长调节剂
55. 植物生长延缓剂
56. 生长素的极性运输
57. 鲜切花保鲜剂
58. 植物激素
59. 调节剂残留
60. “反跳”效应

二、问答题

1. 简要说明细胞如何感受内外因子变化的刺激，并最终引发生理生化反应。
2. 植物细胞中常见的第二信使有哪些？简述其主要功能。
3. 细胞信号转导中“蛋白质可逆磷酸化”的功能是什么？
4. 植物细胞内的胞内信使系统有哪些？
5. 简述 G 蛋白参与细胞外信号跨膜转换的过程。
6. 植物细胞的主要钙受体蛋白有哪些？举例说明胞外信号如引起相应的生理反应。
7. 植物细胞内钙信号是如何产生并行使其信使功能的？
8. 细胞受体有几类？受体有哪些主要特征？
9. 简述双信使系统传递信号的过程。
10. 简述蓝光诱导气孔开放的信号转导。
11. 信号转导途径有哪些特性？
12. 论述细胞信号转导的基本过程。
13. 植物细胞跨膜信号转导有什么特点？
14. 植物细胞内外钙离子浓度为何相差很大？在信号转导中起什么作用？
15. 举例说明蛋白质可逆磷酸化在植物细胞信号转导途径中有何作用？
16. 植物有哪些终止信号转导的方式？
17. 说明 GA 在植物生长发育上起什么作用。
18. 解释 GA 促进大麦种子萌发的原因。
19. 茎的切段经赤霉素处理后，为什么 IAA 增多？
20. 解释细胞分裂素延缓离体叶片衰老的原因。
21. 说明赤霉素与脱落酸的相互关系。
22. 说明细胞分裂素能够消除顶端优势的原因。
23. 说明生长素与赤霉素在生理作用方面的相互关系。
24. 生长素为什么可以促进乙烯的生物合成？
25. 油菜素内酯具有哪些主要生理功能？
26. 简要说明生长素的作用机理。
27. 讨论植物生长物质在现代农业中的地位及作用。
28. 讨论植物生长发育过程中激素间的相互作用。
29. 六大类植物激素的主要生理作用是什么？
30. 生长素、赤霉素、细胞分裂素的生理效应有什么异同？
31. 农业上常用的植物生长调节剂有哪些？在作物生产上有哪些应用？
32. 试述应用植物生长调节剂时要注意的事项。
33. 简要比较茉莉酸与脱落酸的异同。

34. 在调控植物的生长发育方面，植物激素之间在哪些方面表现出增效作用或颉抗作用？

35. 乙烯是如何促进果实成熟的？

36. 从概念与作用方式上比较植物生长抑制剂与植物生长延缓剂的异同点。

37. 为什么用生长素、赤霉素、细胞分裂素可得到无籽果实？

38. 试述组织培养过程中生长素和细胞分裂素的浓度不同的比值对根、芽分化的影响。

39. 简要比较植物激素和动物激素的差别。

40. 束缚型生长素有什么作用？

41. 多胺为什么会延缓衰老？

42. 植物体内有哪些因素决定了特定组织中生长素的含量？

43. 细胞分裂素为什么能延缓叶片衰老？

44. 植物的休眠与生长可能是由哪两种激素调节的?如何调节？

45. 乙烯利的化学名称叫什么？在生产上主要应用于哪些方面？

46. 试述乙烯的生物合成途径及其调控因素。

47. 试述赤霉素促使生长素水平增高的原因。

48. 各种赤霉素的结构、活性共同点及相互区别是什么？

49. 试述生长素在植物体内极性运输的机制。

50. 试举例分析植物发育过程中激素的相互作用。

51. 高等植物胞间信号的长距离传递方式有哪些？

52. 什么是调节剂的效应期？说明植物生长调节剂的作用特点，影响植物生长调节剂药效发挥的主要因素。

53. 举例说明化控在跃变型果实储运及上市时的应用。

54. 除六大类激素外，植物体内还含有哪些能显著调节植物生长发育的有活性的物质?它有哪些主要生理效应？

55. 水稻壮秧的标准是“矮壮带蘖、栽后早发”，生产上，如何运用作物化学控制的知识和手段达到此目的？

56. 结合今年本地区（西昌地区）气候特点，说明化控技术在葡萄生产中的应用及注意事项。

57. 结合本地区生产实际，简要阐述化控技术在作物生产中的应用现状及你对应用现状的思考。

58. 根据目前生产实际，举例说明化控技术在提高三系法杂交稻制种产量上的应用。

59. 结合烟草生产实际，分析化控技术在烟草生产中的应用前景及你对应用现状的思考。

60. 简述乙烯利在烟叶生产上的应用及注意事项。

61. 阐述水稻应用多效唑培育连作晚稻壮秧的技术要点、技术效果和评价。

62. 赤霉素等调节剂在杂交水稻制种上有哪些成功应用？

63. 用于防止小麦倒伏的主要有哪些调节剂和化控技术？对它们的应用效果、效益、安全性等进行简要评价。

64. 如何应用作物化学控制技术培育小麦壮苗、防止苗期旺长，保障安全越冬？

65. 阐述缩节安系统化控的技术内容和主要技术效果。

66. 烟草如何应用化学控制技术抑制腋芽？

67. 葡萄如何应用调节剂增加产量？

68. 哪些调节剂可以用于果实的保鲜？

69. 如何应用乙烯利和赤霉素等调节剂控制瓠瓜、黄瓜等瓜类的雌雄花比例，提高产量？

70. 如何应用调节剂提高绿叶菜的产量？

71. 如何应用调节剂防止马铃薯储存期间的发芽？

72. 化学控制在花卉上有何应用？

73. 鲜切花保鲜剂的作用是什么？保鲜剂的主要成分有哪些？各成分的作用是什么？

74. 乙烯利的化学名称叫什么？在生产上主要应用于哪些方面？

75. 在“柑橘留树保鲜”生产中，怎样解决“落果和营养的均衡”？

76. 目前在核桃的生产上广泛使用植物生长调节剂来褪核桃青皮，请说明使用的生长调节剂种类、使用时间、使用方法、使用浓度以及使用的注意事项。

77. 一农户在土壤肥力中等的田里种植了番茄，在番茄进入开花结果的生殖期时，发生了番茄疫病、病毒病、灰霉病、枯萎病，现要求使用合适的生长物质来控制番茄病情并增加植株的抗逆能力。请结合相关知识，提出合理的方案。

78. 说明影响植物生长调节剂药效发挥的主要因素。

79. 1-甲基环丙烯（1-MCP）是果品保鲜调节剂，设计一个试验方案，判定它是通过调控乙烯合成、运输、受体结合、信号转导和作用中哪些环节起作用的。

80. 噻苯隆是一种高细胞分裂素生物活性的物质，在葡萄上登记用作促进果实膨大和增加产量，使用浓度 4 ~ 6 mg/kg；在棉花上登记用作脱叶剂，使用量 150 ~ 300 g/hm^2（使用浓度 3 ~ 10 g/kg），说明该药剂两种相反用途的可能原因。

81. 菘蓝是一种中药材植物，其叶可药用（大青叶），其根也可药用（板蓝根），从根冠关系激素调控的理论，分析以叶和根为收获目的的情况下，分别可以用哪些措施来提高产量和收益。

82. 简要分析作物化学控制技术与育种和生物技术的关系。

83. 作物化学与常规作物栽培技术有哪些方面可以结合？

84. 面向21世纪植物生长调节剂新产品和作物化学控制新技术筛选的目标是什么？

85. 为什么说作物化学控制栽培工程是作物化学控制技术的发展方向？

86. 从基础研究、应用等方面，说明生长调节剂的研究方向是从单一调节剂向复合调节剂的研发。

87. 常用的调节剂施用方法有哪些？如何选用？

88. 举例说明调节剂混用可以增效。

89. 结合调节剂理化性质，说明在调节剂配制、保存、使用上应注意哪些问题影响其使用?

90. 为什么有时调节剂会产生药害？如何防止?

91. 常见的调节剂产品剂型有哪些？各举 2 例。

92. 哪些因素影响调节剂药液在植物表面的存留?

93. 植物生长调节剂从哪些途径可以进入植物体?

94. 举例说明调节剂的简单效应和复合效应。

95. 从植物、环境、药剂、栽培措施等方面说明哪些因素影响调节剂施用效果。

96. 一项成熟的化学控制技术应该包括哪些内容?

97. 一般从哪些方面对调节剂和应用技术进行适用性评价?

98. 哪些激素能代替春化和光周期促进开花?

99. 简述激素对叶片衰老的调控。

100. 简述激素对脱落的调控。

三、综合实验设计

1. 植物激素类物质的生理效应及生物鉴定。

2. 针对农业生产中出现某一问题，你将采用何种类型的植物生长调节剂处理？以一个常用的抑制植株茎节伸长生长的植物生长调节剂为例，设计一个盆栽试验。

3. 根据凉山地区核桃果实成熟特性，设计一个用植物生长调节剂促进核桃果实成熟和脱青皮的技术方案。

4. 植物生长调节剂对某一作物（玉米、燕麦）生长的影响（要求说明处理目标时期、处理药剂及浓度、处理方法、时间、测定指标）。

5. ABT 生根粉对烟草炼苗的影响。

6. 植物生长调节剂对烤烟烟苗漂浮育苗的效应。

7. 植物生长调节剂对二半山区马铃薯生长及产量的影响。

8. 外源生长物质对烟苗幼苗素质及生理生化的影响。

9. 果实的保鲜与人工催熟。

10. 育秧基质中植物生长调节剂对水稻秧苗素质的影响。

11. 植物生长调节剂对花卉保鲜的效应。

12. 鲜切花保鲜剂配方筛选。

13. 植物生长调节剂对本地四季豆生长及产量的影响。

14. 生长延缓剂对洋葱幼苗（漂浮育苗）素质的影响。

15. 植物生长调节剂对葡萄果实品质的影响。

16. 植物生长调节剂对水培观叶稻营养生长期观赏性状的影响。

17. 植物生长调节剂浸种浓度对水稻秧苗生长的影响。

18. 不同浓度壳寡糖施用对叶菜类蔬菜营养生长的影响。

19. 植物生长调节剂对藜麦幼苗形态及生理特性的影响。

20. 植物生长调节剂对盆栽花卉（郁金香、百合、红掌）花期的影响。
21. 植物生长调节剂对荞麦生长及产量的影响。
22. 不同调节剂配比对洋葱组培快繁的影响。
23. 壳寡糖对蓝莓幼苗生长和干旱适应性的影响。
24. 扦插基质中植物生长调节剂配比对葡萄扦插的影响。
25. 寡糖对石榴果实生长的影响。
26. 植物生长物质对晚熟芒果种子早萌（窜根）的控制研究。
27. 植物生长调节剂对油桃果实成熟及品质的影响。

主要参考文献

[1] 熊飞，王忠. 植物生理学[M]. 3 版. 北京：中国农业出版社，2022.

[2] 李玲，肖浪涛，谭伟明. 现代植物生长调节剂技术手册[M]. 北京：化学工业出版社，2018.

[3] 段留生，田晓莉. 作物化学控制原理与技术[M]. 北京：中国农业大学出版社，2011.

[4] 叶明儿. 植物生长调节剂在果树上的应用[M]. 3 版. 北京：化学工业出版社，2016.

[5] 王小菁. 植物生理学[M]. 8 版. 北京：高等教育出版社，2022.

[6] 杨文钰，袁继超，罗琼. 植物化控[M]. 成都：四川科学技术出版社，1998.

[7] 王三根. 植物生长调节剂在林果生产中的应用[M]. 北京：金盾出版社，2003.

[8] 王忠. 植物生理学[M]. 北京：中国农业出版社，2005.

[9] 潘瑞炽. 植物生理学[M]. 5 版. 北京：高等教育出版社，2004.

[10] 李合生. 现代植物生理学[M]. 北京：高等教育出版社，2002.

[11] 武维华. 植物生理学[M]. 北京：科学出版社，2003.

[12] 曾广文，蒋德安. 植物生理学[M]. 北京：中国农业科技出版社，2000.

[13] 赵毓橘，陈季楚. 植物生长调节剂生理基础与检测方法[M]. 北京：化学工业出版社，2002.

[14] 高煜珠，韩碧文，饶立华. 植物生理学[M]. 北京：农业出版社，1995.

[15] 李宗莲，周燮. 植物激素及其免疫检测技术[M]. 南京：江苏科学技术出版社，1996.

[16] 潘瑞炽，李玲. 植物生长发育的化学控制[M]. 2 版. 广州：广东高等教育出版社，1999.

[17] 孙大业，郭艳林，马力耕，等. 细胞信号转导[M]. 3 版，北京：科学出版社，2001.

[18] 段留生，潘瑞炽. 植物生长调节剂在经济作物上的应用[M]. 北京：化学工业出版社，2002.

[19] 何生根，刘伟，许恩光，等. 植物生长调节剂在观赏植物和林木上的应用[M]. 北京：化学工业出版社，2002.

[20] 杨文钰，樊高琼. 植物生长调节剂在粮食作物上的应用[M]. 北京：化学工业出版社，2002.

[21] 喻景权. 植物生长调节剂在蔬菜的应用[M]. 北京：化学工业出版社，2002.

[22] 李三玉，季作樑. 植物生长调节剂在果树上的应用[M]. 北京：化学工业出版社，2002.

[23] 何钟佩，田晓莉，段留生. 作物激素生理及化学控制[M]. 北京：中国农业大学出版社，1997.

[24] 李丕明，何钟佩，奚惠达. 作物生长发育化学控制研究论文集[M]. 北京农业大学学报，1991.
[25] 李轩. 植物生长调节剂与农业生产[M]. 北京：科学出版社，1989.
[26] 李杰. 植物激素及其应用[M]. 广州：中山大学出版社，1993.
[27] 王熹. 多效唑的生物学效应及农业应用[M]. 北京：中国农业科技出版社，1993.
[28] 王熹，俞美玉，陶龙兴，等. 作物化控原理[M]. 北京：中国农业科技出版社，199.
[29] 白宝章. 植物生理学[M]. 北京：中国农业科技出版社，2001.
[30] 曹仪植、宋占午. 植物生理学[M]. 兰州：兰州大学出版社，1998.
[31] 余叔文、汤章城. 植物生理学与分子生物学[M]. 2 版. 北京：科学出版社，1999.
[32] 余前媛，贺宏. 双吉尔-GGR 对洋葱苗期根系形态及地上部生长的影响[J]. 江苏农业科学，2022.
[33] 余前媛，钟晓英. 药剂浸种对补骨脂种子萌发影响初探[J]. 安徽农学通报，2015.
[34] 余前媛. 月季切花保鲜剂配方研究[J]. 西昌学院学报（自然科学版），2011.
[35] 余前媛. STS 脉冲处理对康乃馨切花衰老进程的影响[J]. 现代农业科技，2011.
[36] 余前媛. 保鲜剂对百合切花的保鲜效果研究[J]. 现代农业科技，2011.
[37] 余前媛. 百合切花化学保鲜研究进展综述[J]. 安徽农学通报，2011.
[38] 余前媛，段玲. 唐菖蒲切花保鲜剂配方筛选试验研究[J]. 现代农业科技，2009.
[39] 余前媛. 预处理结合低温贮藏对百合切花衰老进程的影响[J]. 现代农业科技，2009.
[40] 余前媛，林谦. 不同浓度 GA_3 及温度对不同种源地燕麦发芽率的影响[J]. 现代农业科技，2009.
[41] 余前媛，吴冉，林谦，廖文龙. PP_{333} 浸种对苦荞生长的影响[J]. 西昌学院学报（自然科学版），2008
[42] 余前媛，甘勇，任永波. 富贵竹茎段保鲜研究[J]. 安徽农业科学，2008.
[43] 余前媛，杨欣. 切花康乃馨贮运保鲜剂配方及贮运方法研究[J]. 现代农业科技，2007.
[44] 余前媛. 植物化控在蔬菜上的主要应用[J]. 安徽农学通报，2007.
[45] 余前媛，任迎虹，李再胜，尹福强. 高锰酸钾浸种对荞麦种子萌发的影响初探[J]. 西昌学院学报（自然科学版），2006.
[46] 余前媛，任永波，夏晶晖，李再胜. 西昌地区切花康乃馨保鲜剂配方的筛选[J]. 中国农学通报，2006.
[47] 余前媛，李刚. 药剂胁迫对燕麦种子萌发特性的影响[J]. 安徽农学通报，2012.
[48] 余前媛. 植物化控在果树生产中的主要应用[J]. 西昌学院学报（自然科学版），2004.
[49] 余前媛. 硼酸对百合切花保鲜效应的研究[J]. 安徽农学通报，2012.
[50] 余前媛，黄丹. 不同药剂浸种对燕麦种子萌发时 α-淀粉酶活力的影响[J]. 现代农业科技，2012（21）.
[51] 杨广云，王宪刚，牛建群，等. 植物生长调节剂在蔬菜上的登记与应用概况[J]. 农药科学与管理，2022.
[52] 张晓蕊，谢露露，董春娟，等. 叶片切除对番茄扦插苗茎基部糖含量及不定根发

生的影响[J]. 中国蔬菜，2020.
[53] 牛国保，孙德岭，文正华，等. 花椰菜根部丛生芽扦插成苗技术[J]. 中国瓜菜，2020.
[54] 崔群香，郝振萍，张爱慧，等. 茄子枝条扦插技术研究及其在茄子育种中的应用[J]. 金陵科技学院学报，2017.
[55] 刘峻蓉，钱春桃. 黄瓜侧蔓扦插技术及其枯萎病抗性鉴定[J]. 蔬菜，2017.
[56] 胡四化，朱志华. 植物生长调节剂在马铃薯脱毒苗网室快繁中的应用研究[J]. 广东农业科学，2006.
[57] 曹友文，段小莉，等. 6%寡糖·链蛋白可湿性粉剂与植物生长调节剂组合应用对大豆菌核病抗病性、农艺性状及产量品质的影响[J]. 农药，2023.
[58] 曲厚兰，姜振，李晶. 等. 世界大豆产业发展现状及我国大豆产业发展建议[J]. 大豆科技，2022.
[59] 罗屹，张昆扬，韩静波，等. 中资企业在中国大豆进口中的地位分析[J]. 大豆科学，2022.
[60] 冯锋，张志楠，谷勇哲，等. 提升我国大豆供给能力路径刍议[J]. 中国科学院院刊，2022.
[61] 李双海，郑诚乐，侯毛毛，等. 生物农药阿泰灵及其减药组合对巨峰葡萄感病率及果实品质的影响[J]. 中国南方果树，2022.
[62] 郝建宇，王伟军，陈文朝，等. 生物农药阿泰灵对‘玫瑰香’葡萄产量和品质的影响[J]. 中外葡萄与葡萄酒，2020.
[63] 张强，刘祥臣，余贵龙，等. 不同浓度阿泰灵对再生稻两优 6326 秧苗素质和纹枯病抗性及产量的影响[J]. 江苏农业科学，2019.
[64] 李花利，杨玉萍. 6%寡糖·链蛋白可湿性粉剂对番茄黄化曲叶病毒病的防效试验[J]. 基层农技推广，2019.
[65] 刘祥臣，李彦婷，张强，等. 植物免疫诱抗剂阿泰灵对杂交水稻两优 6326 秧苗素质及产量的影响[J]. 中国稻米，2017.
[66] 袁莲莲，李伟，肖志新，等. 几种植物诱导剂对烤烟抗病性、农艺性状及产量品质的影响[J]. 植物保护，2017.
[67] 李敏兵. 0.01%芸苔素内酯可溶液剂对水稻防病能力影响的研究[J]. 农技服务，2017.
[68] 盛世英，周强，邱德文. 等. 植物免疫蛋白制剂阿泰灵诱导小麦抗病增产效果及作用机制[J]. 中国生物防治学报，2017.
[69] 邸锐，杨春燕. 极细链格孢激活蛋白对大豆光合特性、叶绿素荧光参数及产量的影响[J]. 华北农学报，2017.
[70] 陈秀，方朝阳. 植物生长调节剂芸苔素内酯在农业上的应用现状及前景[J]. 世界农药，2015.
[71] 王尽松，徐荣燕，李瑞花. 30%苯甲·丙环唑 EC 对玉米后期叶斑病的防效[J]. 中国植保导刊，2013.

[72] 张玉江. 冀东滨海稻区水稻主要病虫害防控技术[J]. 北方水稻，2011.
[73] 张婷，朱洁伟，武向文，等. 颉抗木霉菌对玉米弯孢叶斑病的诱导抗性作用[J]. 上海交通大学学报（农业科学版），2011.
[74] 龙友华，邱红波，何腾兵. 4 种植物生长调节剂浸种对玉米调控效应[J]. 中国农学通报，2011.
[75] 房锋，纪春涛，聂乐兴，等. 3 种种衣剂对玉米种子保护作用及产量影响[J]. 农药科学与管理，2008.
[76] 伍小良，丁伟，刘荣华，等. 新型植物生长调节剂对烟草花叶病的控制作用[J]. 中国农学通报，2007.
[77] 李新杰，刘晓鹏. 丙环唑的药害及其控制对策[J]. 中国植保导刊，2005.
[78] 郭红莲，陈捷，高增贵，等. 不同诱抗剂诱导玉米对灰斑病的抗性及其与 PAL 的关系[J]. 沈阳农业大学学报，2000.
[79] 王焕民. 芸苔素内酯：植物生长发育的一种基本调节物质[J]. 农药，2000.
[80] 李阳，殷君华，邓丽，等. 2 种植物生长调节剂在花生上的应用效果研究[J]. 现代农业科技，2017（03）.
[81] 赖灯妮，张群，尚雪波，谭欢，潘兆平，周雨佳，彭清辉等. 植物生长调节剂在果蔬中的应用与安全性分析研究进展[J]. 食品工业科技，2023（11）.
[82] 胡晓蕾，陈亮，侯杰，等. 环境中典型植物生长调节剂分析测试技术研究进展[J]. 岩矿测试，2023（02）.
[83] 张教海，张友昌，别墅，等. 棉花植物生长调节剂登记现状可视化分析[J]. 湖北农业科学，2021（24）.
[84] 杨广云，王宪刚，牛建群，等. 植物生长调节剂在蔬菜上的登记与应用概况[J]. 农药科学与管理，2022（07）.
[85] 林更生. 浅谈吲哚乙酸对蔬菜生长的促进作用——评《现代植物生长调节剂技术手册》[J]. 中国瓜菜，2021（02）.
[86] 刘祥宇. 植物生长调节剂在农业生产中的应用探讨[J]. 南方农业，2021（18）.
[87] 刘蕾. 浅析植物生长调节剂在现代农业上的应用[J]. 现代农村科技，2020（03）.
[88] 胡杨，段斌，等. 豫南直播稻多效唑调控试验研究[J]. 江苏农业科学，2022.
[89] 闫锋. 喷施多效唑对糜子生长及光合特性的影响[J]. 作物杂志，2022.
[90] 姜颖，左官强，王晓楠，等. 烯效唑浸种对干旱胁迫下工业大麻幼苗形态、渗透调节物质及内源激素的影响[J]. 干旱地区农业研究，2020.
[91] 刘思辰，曹晓宁，王海岗，王君杰，陈凌，乔治军，等. 多效唑浸种对谷子幼苗期生长和生理特性的影响[J]. 安徽农业科学，2019.
[92] 刘思辰，曹晓宁，王海岗，等. 烯效唑对谷子幼苗期生长和生理特性的影响探究[J]. 南方农业，2019.
[93] 梁笃. 烯效唑对晋中冬小麦生长发育及产量的影响[J]. 山西农业科学，2017.
[94] 代小冬，朱灿灿，秦娜，等. 烯效唑和密度对谷子产量及产量相关性状的影响[J].

作物杂志，2017.
[95] 刘丽琴，张永清，李鑫，等. 烯效唑浸种对干旱胁迫下红小豆生长及其根系生理特性的影响[J]. 西北植物学报，2017.
[96] 赵丽娟，王秀珍，焦天奇，祝建波，郭斌，不同浓度烯效唑与胺鲜脂复配剂浸种对玉米幼苗抗旱性的影响[J]. 西北农业学报，2015.
[97] 廖尔华，丁丽，罗延宏，等. 烯效唑浸种对玉米种子萌发及幼苗生长的影响[J]. 西南农业学报，2014.
[98] 赵海明，孙桂枝，王学敏，等. 百脉根种质苗期抗旱性鉴定及综合评价[J]. 草原与草坪，2011.
[99] 张永清，裴红宾，刘良全，等. 烯效唑浸种对谷子植株生长发育的效应[J]. 作物学报，2009.
[100] 崔永伟. 中西部地区小杂粮的生产优势与存在问题及对策研究[J]. 中国农业科技导报，2008.
[101] 姚雄，任万军，杨文钰，等. 烯效唑对水稻种子萌发及秧苗生长的影响[J]. 作物杂志，2008.
[102] 胡标林，余守武，万勇，等. 东乡普通野生稻全生育期抗旱性鉴定[J]. 作物学报，2007.
[103] 陈卫卫，张秀丽，张友民. 烯效唑浸种对谷子幼苗生长和生理指标的影响[J]. 黑龙江农业科学，2006.
[104] 姜迎春. 绿色植物生长调节剂（GGR）在农业上的推广应用[J]. 黑龙江生态工程职业学院学报，2008.
[105] 张锋，潘康标，田子华. 植物生长调节剂研究进展及应用对策[J]. 现代农业科技，2012.
[106] 高列萌. 绿色植物生长调节剂（GGR）实用技术[J]. 现代种业，2003.
[107] 李世清. 白菜喷施 ABT8 号生根粉能增产[J]. 河北农业，1999.
[108] 陈士良，赵华. 新型植物生长调节剂 ABT6 号 7 号对油菜增产的生理生化效应[J]. 上海农业学报，1997.
[109] 张志学，周洪飞. 不同农作物施用 ABT 生根粉增产效果[J]. 沈阳农业大学学报，1994.
[110] 高世恭，周续帮，赵元玺，等. 互助县 1991 年 ABT4 号生根粉开发应用[J]. 青海农林科技，1992.
[111] 丁欣欣，李秋煜，杨笑，等. 乙烯利对核桃叶片衰老和光合同化产物的影响[J]. 北方园艺，2022.
[112] 郑丹，王晓燕，彭西甜，等. 喷施矮壮素对蒌蒿产量、品质及氮素利用特征的影响[J]. 中国蔬菜，2021.
[113] 徐一荻，宋岩，姜延付，等. 缩节胺、多效唑对核桃枝叶生长及坚果品质的影响[J]. 河南农业科学，2020.

[114] 郝佳波，刘治邦，董静，等. 几种植物生长调节剂配方对三台核桃生长及结果的影响[J]. 中国南方果树，2020.

[115] 夏鹏云，郭磊，王文战，等. 不同生长调节剂对核桃坐果率的影响[J]. 浙江农业科学，2019.

[116] 宁德鲁，王卫斌，贺熙勇，等. 云南坚果产业发展状况及 SWOT 分析[J]. 西部林业科学，2019.

[117] 张翔，徐永平，李永荣，等. DA-6、PBO、6-BA 叶面喷施对薄壳山核桃树体发育的影响[J]. 中国农学通报，2015.

[118] 陈秀娇，魏江彤，景光全，艾树康，张彦，马锋旺，李超等. 幼果期喷施不同拉长剂对苹果新品种‘秦玉’果实品质的影响[J]. 果树资源学报，2023.

[119] 张首伟，张剑侠. 葡萄无核化与膨果处理研究进展[J]. 中国果树，2022.

[120] 谭一婷，范秀娟，纪薇. 单氰胺对 3 个葡萄品种休眠解除生理特性及综合品质的影响[J]. 果树学报，2021.

[121] 刘凤之，王海波，胡成志. 我国主要果树产业现状及“十四五”发展对策[J]. 中国果树，2021.

[122] 彭贞贞，叶旗慧，徐晓艳，等. 1-甲基环丙烯处理对红富士苹果贮藏品质的影响[J]. 浙江大学学报（农业与生命科学版），2020.

[123] 姚晨涛，孙晓，张风文，等. S-诱抗素处理对'巨峰'葡萄果实花青素含量及品质的影响[J]. 中国果树，2019.

[124] 董艳，陈磊，张亚红. 4 种膨大剂对葡萄果实生长发育的影响[J]. 江苏农业科学，2017.

[125] 陈海燕，李东伟，孙军利，等. 不同生根剂对无核紫葡萄的扦插效应[J]. 中国南方果树，2012.

[126] 刘树海，崔海燕，王建平，等. 不同类型赤霉素对梨产量和品质的影响[J]. 河北农业科学，2012.

[127] 孙瑞红，李爱华，张仁军，等. 几种生长调节剂在果树上的使用技术[J]. 落叶果树，2007.

[128] 孙瑞红，李爱华，李圣龙，等. 单氰胺促进保护地葡萄发芽试验[J]. 落叶果树，2003.

[129] 许维纯，辛保军，曹尚银. N ~ (-6)苄氨基嘌呤促进苹果幼树侧芽萌发效应的探讨[J]. 果树科学，1986.

[130] 王英华，盛中飞，曲树杰，等. 喷施“玉黄金”对夏玉米抗倒伏性能和产量的影响[J]. 玉米科学，2021.

[131] 徐军生. 德美亚 1 号玉米高产栽培技术分析与病虫害防治[J]. 农业与技术，2019.

[132] 沙莎，何闻静，曹亚娟，等. 化学调控对洞庭湖区不同群体夏玉米抗倒性及产量的影响[J]. 南方农业学报，2019.

[133] 徐田军，吕天放，陈传永，等. 种植密度和植物生长调节剂对玉米茎秆性状的影响及调控[J]. 焕. 中国农业科学，2019.

[134] 李昊胜，李岩，吴承来，等. 化控剂调控玉米成熟期及其对产量、营养成分的影响[J]. 山东农业科学，2018.

[135] 尚赏，胡启国，郭书亚，等. 种植密度对黄淮海夏玉米品种倒伏率与茎秆抗倒特性的影响[J]. 山西农业科学，2018.

[136] 李彦昌，侯现军，闫丽慧，等. 不同化学调控剂浓度对夏玉米生长的影响[J]. 湖北农业科学，2018.

[137] 樊海潮，顾万荣，杨德光，等. 化控剂对东北春玉米茎秆理化特性及抗倒伏的影响[J]. 作物学报，2018.

[138] 胥少东，郭新坡，申亚飞. 适宜机收玉米品种应具备的农艺性状及育种思路[J]. 中国种业，2018.

[139] 薛志伟，董军红，刘国涛，等. 植物生长调节剂对小麦产量和产量构成因素的影响[J]. 农业与技术，2018.

[140] 华智锐，李小玲. 矮壮素对小麦抗倒伏性能的诱导效应研究[J]. 河北农业科学，2017.

[141] 韩虎峰，姚锋娜，骞天佑，等. 10%多唑·甲哌鎓可湿性粉剂对小麦株高和产量的影响[J]. 湖北植保，2014.

[142] 崔凤娟，熊景龙，张利，王振国，李岩，邓志兰，呼瑞梅，李默，徐庆全，等. 不同时期喷施麦巨金对小麦抗倒性及产量的影响[J]. 现代农业科技，2014.

[143] 唐进，林昌明，吉剑. 几种作物生长调节剂在小麦生产上的应用效果初报[J]. 农业科技通讯，2013.

[144] 张道荣，陈桥生，谭永强，等. 多效唑不同施用方法对小麦生产的影响[J]. 湖北农业科学，2012.

[145] 黄可兵，邢国风，杨仕雷. 多效唑对小麦生长和产量的效果[J]. 湖北农业科学，2010.

[146] 周晓宇，张根，李守国. 小麦上三叶性状与产量及其构成因素的关系研究[J]. 安徽农业科学，2009.

[147] 朱凤荣，邱宗波. 植物生长调节剂对小麦产量及产量构成的影响[J]. 平原大学学报，2003.

[148] 段留生，李召虎，何钟佩，刁家连，田晓莉，王保民，贾敬业. 20%多效唑·甲哌鎓微乳剂防止小麦倒伏和增产机理研究[J]. 农药学学报，2002.

[149] 王玉堂. 植物生长调节剂在小麦生产上的应用[J]. 农家顾问，2006（10）.

[150] 兰刚，夏芝，杨六六，等. 4 种植物生长调节剂在花生上的应用效果研究[J]. 现代农业科技，2023（06）.

[151] 任鸿濛，李迎超，贾仕军，等. 植物生长调节剂浸种对柴胡种子萌发的影响[J]. 山西农业科学，2023（06）.

[152] 张教海，张友昌，别墅，等. 棉花植物生长调节剂登记现状可视化分析[J]. 湖北农业科学，2021（24）.

[153] 钱素菊，崔岭，周萍，等. 植物生长调节剂对不同播期水稻产量的影响研究[J]. 种子科技，2022（12）.

[154] 樊金哲，王远，焦姣，等. 3 种植物生长调节剂对花生幼苗生长发育的影响[J]. 安徽农业科学，2020（24）.

[155] 吴磊，安芳，王丹. 植物生长调节剂在玉米生产中的应用[J]. 河南农业，2018(35).

[156] 翟大帅. 植物生长调节剂在玉米生产中的应用研究[J]. 山西农经，2019（03）.

[157] 钮力亚，于亮，王伟，等. 植物生长调节剂对小麦产量及其构成因素的影响[J]. 安徽农业科学，2018（08）.

[158] 邱振宇，杜吉到. 派诺克植物生长调节剂对水稻产量及品质的影响[J]. 现代化农业，2017（03）.

[159] 程文超，李光宁，强胜，等. 0.136%赤·吲乙·芸苔可湿性粉剂与五氟磺草胺混用对无芒稗和水稻生长的影响[J]. 植物保护，2022.

[160] 范洁群，温广月，曲明清，等. 氯氟吡啶酯对稻田杂草的室内除草活性及田间药效评价[J]. 植物保护，2022.

[161] 刘亚光，李晓妍，吴绘鹏，等. 氯氟吡啶酯对不同品种水稻安全性的研究[J]. 江西农业大学学报，2022.

[162] 李光宁，程文超，胡荣娟，等. 0.136%赤·吲乙·芸薹可湿性粉剂与 3%氯氟吡啶酯乳油混用对无芒稗防治效果及生理生化的影响[J]. 杂草学报，2021.

[163] 倪青，王国荣，黄福旦，等. 2 种化学产品对直播水稻田除草剂药害的解除效果[J]. 浙江农业科学，2020.

[164] 梁晓慧，史树德. 作物氮素快速营养诊断及其在甜菜上的应用前景[J]. 北方农业学报，2019.

[165] 魏佳峰，郭玉莲，王宇，等. 0.136%赤·吲乙·芸苔 WP 与水稻田除草剂混用安全增效性研究[J]. 农药，2018.

[166] 谢丽芳，钟秋瓒，申昌优，等. 花生除草剂药害解毒试验研究[J]. 杂草学报，2018.

[167] 张军刚，郭海斌，孟庆乐，等. 植物生长调节剂在玉米中的应用研究[J]. 农业科技通讯，2018.

[168] 杨慧杰，原向阳，郭平毅，等. 油菜素内酯对阔世玛胁迫下谷子叶片光合荧光特性及糖代谢的影响[J]. 中国农业科学，2017.

[169] 卢政茂，崔东亮，马宏娟，等. 植物生长调节剂与除草剂混用对水稻的安全性及对除草效果的影响[J]. 农药，2017.

[170] 顾林玲，柏亚罗. 新颖芳基吡啶甲酸酯类除草剂——氟氯吡啶酯和氯氟吡啶酯[J]. 现代农药，2017.

[171] 宋吉英，李军德，李晓月，等. 碧护与比卡奇复配拌种对小麦、花生及玉米出苗率的影响[J]. 青岛农业大学学报（自然科学版），2016.

[172] 孙永梅，刘丽杰，冯明芳，等. 植物在低温胁迫下的糖代谢研究进展[J]. 东北农业大学学报，2015.

[173] 南月政，蔡麟阁. 碧护对花椒晚霜冻害及生长结果的影响[J]. 林业实用技术，2014.
[174] 彭俊，宋志龙，孟新刚，等. 除草剂与植物生长调节剂混用对藨草生理生化的影响[J]. 农药，2013.
[175] 刘杨，丁艳锋，王强盛，等. 植物生长调节剂对水稻分蘖芽生长和内源激素变化的调控效应[J]. 作物学报，2011.
[176] 赵远鹏，邹世溶，董正兵，等. 不同植物生长调节剂对大花蕙兰催叶芽的影响[J]. 园艺与种苗，2023. 43（03）.
[177] 陆继亮，周静媛. 大花蕙兰盆花抽心增芽技术研究[J]. 农业与技术，2021.
[178] 陆继亮. 大花蕙兰生产管理关键环节中的几个新法[J]. 花木盆景（花卉园艺），2015.
[179] 任惠，陈冠南，王宏，等. 不同培养基对大花蕙兰组织培养和快速繁殖的影响[J]. 中国热带农业，2013.
[180] 秦建彬，魏翠华，余祖云，等. 大花蕙兰花芽分化与激素关系的研究[J]. 中国农学通报，2011.
[181] 王艳玲，奚广生. 不同浓度 6-BA 对菊花分枝的影响[J]. 安徽农业科学，2008.
[182] 韩劲峰，韩晓华. 大花蕙兰组织培养及快速繁殖研究[J]. 广西农业科学，2008.
[183] 田志强. 植物激素对大花蕙兰组培快繁的影响[J]. 北方园艺，2008.
[184] 郑疏影，潘远智，孙振元. 植物生长调节剂对大花蕙兰分蘖及生长发育的影响[J]. 北方园艺，2007.
[185] 罗富英，罗平，张伟国. 新植物活性剂对大花蕙兰组培不定芽增殖的应用研究[J]. 北方园艺，2006.
[186] 王华，杨敏辉，陈尚平. 不同浓度 6-BA 对仙客来叶芽分化的影响初报[J]. 安徽农学通报，2006.
[187] 张桂芬. 不同浓度赤霉素和 6-BA 对香椿芽萌发及产量的影响[J]. 甘肃农业，2005.
[188] 宋佳谕，陈宇眺，洪晓富，等. 外源芸苔素内酯对不同基因型杂交稻开花期耐热性的影响[J]. 核农学报，2021.
[189] 曹艳，陈宏，路宇，等. 不同增效剂对甜菜生长及地上部鲜质量的影响[J]. 肥料与健康，2021.
[190] 崔丹丹，杨锦，耿银银，等. 海藻肥对菜心抗旱性的影响及其机理探究[J]. 植物营养与肥料学报，2021.
[191] 王修康，马金昭，孙瑶，等. 新型海藻肥对玉米生长发育及其产量的影响[J]. 云南农业大学学报（自然科学），2021.
[192] 管宇翔，韩西红，张琳，等. 海藻肥对黄瓜抗旱性的影响及机理研究试验[J]. 种子科技，2020.
[193] 孙晓，尹皓婵，张占田，等. 海藻提取物对水稻产量及养分利用的影响[J]. 江苏农业科学，2020.

[194] 郑奇志，秦泽冠，王磊，等. 植物生长调节剂对甜樱桃座果率及果实品质的影响[J]. 上海交通大学学报（农业科学版），2019.
[195] 安霞，张海军，蒋方山，等. 复硝酚钠对两种穗型小麦花后生育性状的影响[J]. 农业科技通讯，2018.
[196] 马彩霞，桑政，张永豪，等. 不同生长调节剂组配叶面肥对生菜生长的影响[J]. 黑龙江农业科学，2018.
[197] 魏如月，张慧兰，阚文杰，等. 外源独脚金内酯缓解小麦干旱胁迫的机制研究[J]. 安徽大学学报（自然科学版），2021.
[198] 冯文静，高巍，刘红恩，等. 植物生长调节剂促进小麦幼苗生长及降低镉吸收转运的研究[J]. 河南农业大学学报，2021.
[199] 张义，刘云利，刘子森，等. 植物生长调节剂的研究及应用进展[J]. 水生生物学报，2021.
[200] 许晨，王文静，曹珊，等. 花后 DA-6 处理调控小麦种子活力的机理[J]. 中国农业科学，2021.
[201] 翁小婷，邓力维，陈尚钘，等. 植物生长调节剂对山苍子茎段扦插的影响[J]. 经济林研究，2021.
[202] 沈晓强，靳彦卿，李霞，等. 赤·吲乙·芸苔对小麦生长发育及产量的影响[J]. 山西农业科学，2021.
[203] 李思瑾，陈龙清. 不同处理植物生长调节剂对'素心'蜡梅切枝催花保鲜效果的影响[J]. 西南林业大学学报（自然科学），2021.
[204] 李波，魏科宇，王丽华. 不同种类及浓度的植物生长调节剂对具鳞水柏枝扦插生根的影响[J]. 西南林业大学学报（自然科学），2021.
[205] 闫秋艳，鲁晋秀，赵政萍，等. 生长调节剂对黑小麦茎秆性状及其籽粒产量和品质的影响[J]. 麦类作物学报，2020.
[206] 张军，方锦旗，邵梦丽，等. 不同浓度矮壮素对小麦幼苗生理特性的影响[J]. 陕西农业科学，2020.
[207] 刘巧，彭家清，程均欢，等. 植物生长调节剂在葡萄生产中的应用研究进展[J]. 黑龙江农业科学，2019.
[208] 张新中，彭涛，李晓春，等. 植物生长调节剂的残留与安全性分析[J]. 食品安全质量检测学报，2019.
[209] 许丽娟，刘海轩，吴鞠，等. 生长抑制剂对大叶黄杨形态及光合作用的影响[J]. 林业科学研究，2018.
[210] 邵庆勤，周琴，王笑，等. 不同小麦品种茎秆形态特征和解剖结构对多效唑的响应差异[J]. 麦类作物学报，2018.
[211] 周欣欣，张宏军，白孟卿，等. 植物生长调节剂产业发展现状及前景[J]. 农药科学与管理，2017.
[212] 武辉，向镜，陈惠哲，等. 外源调节剂对淹涝水稻幼苗株高及碳水化合物消耗的

影响[J]. 应用生态学报，2018.

[213] 李冬杰. 茉莉酸甲酯对半夏试管块茎形成的影响[J]. 北方园艺，2017.

[214] 王慧，张明伟，雷晓伟，等. 植物生长调节剂拌种对扬麦 13 茎秆生长及籽粒产量的影响[J]. 麦类作物学报，2016.

[215] 汪强，黄正来，张文静，等. 新美洲星和 6-BA 对低温胁迫下稻茬小麦光合和产量的影响[J]. 麦类作物学报，2015.

[216] 裴海荣，李伟，张蕾，等. 植物生长调节剂的研究与应用[J]. 山东农业科学，2015.

[217] 王成雨，李静，张一，等. 化控剂对冬小麦茎秆抗倒性能、植株整齐度及产量的影响[J]. 中国农业气象，2015.

[218] 周于毅，李建民，谭伟明，等. 冠菌素诱导田间灌浆期冬小麦抗高温的生理效应研究[J]. 农药学学报，2013.

[219] 傅腾腾，朱建强，张淑贞，等. 植物生长调节剂在作物上的应用研究进展[J]. 长江大学学报（自然科学版），2011.

[220] 赵尔成，王祥云，韩丽君，等. 常用植物生长调节剂残留分析研究进展[J]. 安徽农业科学，2005.

[221] 李睿，兰盛银，徐珍秀. 外源激素对小麦胚乳程序性细胞死亡和子粒灌浆的影响[J]. 湖北农业科学，2004.

[222] 蒋家珍，吴学民，陈宁，等. 植物生长调节剂与杀菌剂互作对棉苗病害的作用机理[J]. 湖北农业科学，2004.

[223] 范秀珍，肖华山，刘德盛，等. 三十烷醇和磷酸二氢钾混用对水稻的生理效应[J]. 福建师范大学学报（自然科学版），2003.

[224] 段留生，关彩虹，何钟佩，等. 开花后水分亏缺对小麦生理影响与化学调控的补偿效应[J]. 中国生态农业学报，2003.

[225] 何瑞，刘艾平，曹玉广. 植物生长调节剂使用中的安全问题[J]. 中国卫生监督杂志，2003.

[226] 刘党校，戴开军，刘新伦，等. 不同生长调节剂拌种对小麦生长发育及产量的影响[J]. 麦类作物学报，2002.

[227] 李秀菊，职明星，卫秀英. BA 与 GA 对小麦不同花位籽粒粒重的影响[J]. 作物学报，2001.

[228] 尚玉磊，李春喜，姜丽娜，等. 生长调节剂对小麦旗叶衰老和产量性状的影响[J]. 麦类作物学报，2001.

[229] 陈伟，马国瑞，李春九. 植物激素对离子吸收运输和分布的影响[J]. 植物营养与肥料学报，1997.

[230] 赵黎明，萧长亮，顾春梅，等. 植物生长调节剂在水稻倒伏上的研究进展[J]. 北方水稻，2009.

[231] 常玉霞. 植物生长调节剂的研究现状及其在马铃薯田的应用进展[J]. 北京农业，2011.